JN163998

# 入門 監視

## モダンなモニタリングのためのデザインパターン

Mike Julian　著

松浦 隼人　訳

# Practical Monitoring

*Effective Strategies for the Real World*

*Mike Julian*

Beijing • Boston • Farnham • Sebastopol • Tokyo

若かりし頃のテクノロジに対する自分の好奇心に火をつけてくれたLeonardへ。

その好奇心を奮い起こし、
コンピュータの前で徹夜する自分に我慢してくれた両親へ。

そんな自分に賭けて、
最初の仕事（しかもテクノロジの！）を与えてくれたDonnaとJustineへ。

文学を理解し、創作することのよろこびを教えてくれたMrs. Sedorへ。

一緒にいなければ人生はこんなに楽しくなっていなかったであろう
すべての友人たちへ。

# はじめに

今日の監視に関する状況は、10年前どころか数年前の状況とも大きく違っています。クラウドインフラの人気が広がり、監視の新しい問題点が浮き彫りになると共に、古い問題を解決する新しい方法も登場しています。

マイクロサービスが人気を集めることで、私たちの監視に関する考え方は大きく広がりました。もはやモノリシックなアプリケーションサーバは作られなくなっている中で、常に通信を続ける大量の小さなアプリケーションサーバ間の通信は、どのように監視したらよいのでしょうか？　マイクロサービスアーキテクチャのよくあるパターンだと、サーバは数時間、あるいは数分しか存在しないこともあり、これだと今まで私たちが信頼してきた古い戦略や監視ツールは使いづらくなってしまいます。

もちろん、変わっていくものもあれば、変わらないものもあります。私たちは今もWebサーバのパフォーマンスを気にしています。ルートボリュームが突然いっぱいになってしまわないかを心配しています。データベースサーバのパフォーマンス問題は、今でも多くの人たちに夜勤を強いています。これらの問題は、10年前に抱えていた問題と似ている（あるいは全く同じ）一方で、使用できるツールや方法論は大きく改善されています。今まで改善されてきたことを示し、目的に合わせてそれをどのように利用するかを伝えるのが私のゴールです。

この本を通じて、監視の目的を心に留めておきましょう。そのために、監視の定義を示します。私が聞いた中で最もよかった定義は、Greg Poirier氏がMonitorama 2016というカンファレンスで紹介したもの（https://vimeo.com/173610062）です。

> 監視とは、あるシステムやそのシステムのコンポーネントの振る舞いや出力を観察しチェックし続ける行為である。

この定義は広いですが、確かなものです。監視という傘を広げると、その下にはいろいろなことが含まれます。この本では、メトリクス、ログ、アラート、オンコール、障害管理、振り返り、統計などたくさんのことを扱います。

## この本を読むべき人

あなたが監視に携わっているなら、この本はあなたの読むべきものです。より詳しく言えば、この本は監視の基本的な理解を深めたい人に向けて書かれています。若手のスタッフにも、監視の知識を強化したい非技術系の人にもぴったりです。

あなたがすでに監視を十分理解しているなら、この本はあなたの読むべきものではないかもしれません。この本には、特定のツールについての詳細や、Google規模の監視についての話は出てきません。その代わり、実践的かつ実用的な例や、監視の世界が初めての人たち向けの、すぐに使えるアドバイスが書かれています。

次に使うべきホットな監視ツールを探している人はがっかりするかもしれません。この本の後で取り上げるように、監視についての問題を解決する魔法の弾丸はありません。そのため、何をすべきで何をすべきでないか例示するためにいくつかのツールを挙げる他は、ツールに依存しない本になっています。特定のツールスタックを詳しく知りたいなら、この本は手助けにはならないでしょう。

この本を読むには、最低限の技術的知識があれば問題ありません。サーバの動かし方と、コードの書き方の基本を知っている前提で書いています。例はすべてLinuxのものですが、各トピックはWindowsの管理者にも一般的に当てはまるものです。

## この本を書いたわけ

私は自分のキャリアを通じて、自分が無意識のうちによりよい監視に関する専門家になっていることに気づきました。ご存知のように、問題を指摘した人がいざその修正に取りかかってみると、考えた以上に監視の仕組みを実装することになります。時を経るにつれて、監視に関する同じような疑問を多くの人たちが抱えつつ、それぞれ違った方法で表現していることに気づきました。

- 自分の監視は最悪だ。どうすればよい？
- 自分の監視は問題ないけれど、もっと改善できるのも分かっている。どう考えたらよい？

- 自分の監視はうるさくて誰も信用してくれない。恒久的な改善をするにはどうしたらよい？
- 監視にいちばん重要なのはどんなこと？　何から始めたらよい？

これらは複雑な問題を含んだ質問であり、回答も複雑です。1つの正解があるわけではありませんが、望んだ状態に至るための素晴らしい基本原則はいくつか存在します。この本では、いくつかの例を挙げつつそういった基本原則を見ていきます。

この本は、監視についての決定版ではありませんし、そのつもりで書いてもいません。私が監視の改善について初めて真剣に考えた時にあったらいいなと思ったのがこの本です。この本では少ししか触れない個々のトピックについて深掘りした素晴らしい本が世の中にはたくさんあります。もしより詳しく知りたい時は、ぜひそういった本を読んでみましょう。私はこの本を、監視という分野での基礎的なスキルを身に付けるものと位置付けています。

## 今日の監視についてひとこと

監視は、すばやく進化するトピックです。さらに難しいのは、監視はそもそも成熟した状態に達したことがありません。その域に達しようとすると、すぐに世界は変わっていきます。1990年代後半あるいは2000年代前半は、Nagiosが王様で、誰もがNagiosにそれなりに満足していました。やがて、インフラのサイズが成長するにつれて、インフラを自動化する必要が出てきました。人々は、年齢に応じた監視に対する考え方を駆使しながら、Nagiosを限界まで使うために、スケールさせたり（Gearmanの採用や、heartbeatとDRBDを使った即時フェイルオーバなど）、設定を管理したり（外部データソース、カスタムUI、MySQLを使った設定ストレージなど）して興味深いことをやり始めました。これと同じことは、例えばクラウドコンピューティング、コンテナ、マイクロサービスといったものに対しても、それ以来何度か繰り返されています。

このような連続した変化にがっかりした人がいる一方で、興奮する人もいます。元気を出して下さい。これからお話しする基本原則は、時代を超えるものです。

## この本の構成

この本は2つの部分に分かれています。1章から4章では、注意すべきアンチパターンや監視についての新しい考え方といった、基本原則を扱います。5章から11章は、何を監視すべきなのか、なぜ監視すべきなのか、どうやって監視するのかといった、監視の戦略について書いています。

## オンラインリソース

この本の手引きとなるウェブサイトは`https://www.practicalmonitoring.com`です。追加のリソースや正誤表があります。

## この本で使用する慣例

この本では、次のフォントを使用します。

**太字**

新しい用語や重要な言葉などを表します。

`等幅`

プログラムの内容、または本文中でプログラムの要素、例えば変数名や関数名、データベース、データ型、環境変数、宣言、キーワードなどを参照する際に使用します。

**`等幅の太字`**

コマンドなど、表記どおりにユーザに入力されるべきものを表示します。

このアイコンは、Tips、提案、一般的なメモを意味します。

このアイコンは、一般的なメモを意味します。

このアイコンは、警告または注意を示します。

## サンプルコードの使用

本書が目標としているのは、読者の皆さんが仕事をやり遂げる手助けをすることです。一般に、本書に含まれているサンプルコードは、読者の皆さんのプログラムやドキュメンテーションで使っていただいてかまいません。本書のコードを相当部分を再利用しようとしているのでなければ、私たちに連絡して許可を求める必要もありません。例えば、プログラムを書く際に本書のコードのいくつかの部分を使う程度であれば、許可は不要です。コードのサンプル CD-ROM の販売や配布を行いたい場合は、許可が必要です。本書のサンプルコードの相当量を、自分のプロダクトのドキュメンテーションに収録する場合には、許可が必要です。

出典を表記していただけるときには感謝しますが、出典の表記を要求するつもりはありません。出典の表記には、一般に、タイトル、著者、出版社、ISBN が含まれます。例えば、"Practical Monitoring by Mike Julian (O'Reilly), 978-1-491-95735-6"（日本語版『入門 監視』Mike Julian 著、オライリー・ジャパン、ISBN978-4-87311-864-2）のような形です。

サンプルコードの使い方が公正使用の範囲を逸脱したり、上記の許可の範囲を越えるように感じる場合には、permissions@oreilly.com に英語でお問い合わせください。

## お問い合わせ

本書に関する意見、質問等はオライリー・ジャパンまでお寄せください。連絡先は次の通りです。

株式会社オライリー・ジャパン
電子メール　japan@oreilly.co.jp

この本の Web ページには、正誤表やコード例などの追加情報が掲載されています。次の URL を参照してください。

https://shop.oreilly.com/product/0636920050773.do（原書）
https://www.oreilly.co.jp/books/9784873118642（和書）

この本に関する技術的な質問や意見は、次の宛先に電子メール（英文）を送ってください。

bookquestions@oreilly.com

オライリーに関するその他の情報については、次のオライリーのWebサイトを参照してください。

https://www.oreilly.co.jp
https://www.oreilly.com/（英語）

## 謝辞

この本は、多くの人からの手助け、アドバイス、サポートなしには存在しなかったでしょう。

この本が私の考えていたよりもずっとよいものになるようフィードバックをくれたJess Males、John Wynkoop、Aaron Sachs、Heinrich Hartmann、Tammy Butowといったテクニカルレビュアたちに大きな感謝を捧げます。また、この本の元になった最初のアウトラインをレビューしてフィードバックをくれて、本を書くのを後押ししてくれたJason DixonとElijah Wrightに感謝します。

私を担当したO'Reillyの編集者であるBrian Anderson、Virginia Wilson、Angela Rufinoに大きな感謝を捧げます。何度も締切を逃して、私はあなた方をイライラさせたに違いありません。その我慢強さと助言に感謝します。初めて本を書いた私にとって、編集者からの助けはかけがえのないものでした。

私の執筆の進み具合は、コーヒーの消費量と正の相関があるようで、この本の大部分は（多くは旅行しながら）コーヒーショップで書くことになりました。そんなわけで、私はコーヒー販売店、もといバリスタにも特別に感謝を示したいと思います。

- Old City Java（テネシー州ノックスビル）
- Wild Love Bakehouse（テネシー州ノックスビル）
- Workshop Cafe（カリフォルニア州サンフランシスコ）
- Hubsy（フランス・パリ）
- OR Espresso Bar（ベルギー・ブリュッセル）

もし近くにいるなら、素晴らしいコーヒーを1杯飲みに立ち寄ることをおすすめします。

この本の中で教えようとしている多くの内容は、新しいことではありません。実際いくつかは、数十年使われている考え方です。したがって、私より先に存在していた考え方やアイディアを新しい方法で書き換えたり表現したことを、私の手柄にすることはできません。つまり、世界には新しいことはほとんどなく、テクノロジの世界でのアイディアは、再利用するものなのです。

# 目次

# 第I部
# 監視の原則

この第Ｉ部では、監視の基本原則を見ていきます。アンチパターン、デザインパターン、アラートなどを扱います。第Ｉ部は、監視の旅の基礎を作るところです。

# 1章
# 監視のアンチパターン

優れた監視を実装する旅を始める前に、これまであなたが選んだり、見てきたであろう良くない慣習を特定し、直す必要があります。

多くの慣習がそうであるように、慣習は善意から始まるものです。不適切なツールの使用、レガシーなアプリケーションを動かし続けなければならない現実、モダンなやり方に対するそもそもの知識不足といった問題をそのままにし続けると、これらのよくない慣習は「いつもやってることだから」で済まされるようになり、担当者が辞める時に他の人に引き継がれます。このような慣習は、表面上は問題には見えません。しかし、これらは堅牢な監視プラットフォームにとって弊害なのは間違いありません。このような慣習をアンチパターンとして考えます。

> アンチパターンとは、一見よいアイディアだが実装すると手痛いしっぺ返しを食らうものをいう。
>
> ――Jim Coplien

凝り固まったやり方や文化、レガシーなインフラ、あるいは単なる古典的なFUD（恐れ［fear］、不安［uncertainty］、不信［doubt］の頭文字）といったさまざまな理由から、これらのアンチパターンを修正するのは難しいことが多いでしょう。これらの理由についてももちろん見ていきます。

## 1.1 アンチパターン1：ツール依存

Richard Bejtlichの本、『The Practice of Network Security Monitoring』（No Starch Press）に、「何をやるか」よりもツールに焦点を当てすぎることの問題点を表した

素晴らしい記述があります。

> 業務の前にツールを考えてしまうセキュリティ組織が多すぎる。彼らは「我々はログ管理システムを買う必要がある」、「アンチウィルスの業務にアナリストを１人割り当て、データ漏洩防止の業務にもう１人割り当てる」といった考え方をする。ツール駆動なチームは、ミッション駆動なチームより効率的になることはない。動かしているソフトウェアによってミッションが決まってしまうと、アナリストたちはそのツールの機能や制限事項にとらわれてしまう。ミッションを遂行するために何が必要かという観点で考えるアナリストは、要求に見合うツールを探し、要求を満たすものがあるまで探し続ける。自分でツールを作ってしまおうと考えることもある。
>
> ――Richard Bejtlich

監視についての取り組みの多くも、同じ背景から始まっています。誰かが「もっとよい監視の仕組みが必要だ」と言います。すると、他の人は彼らが経験しているトラブルに関して現在の監視ツール群を非難し、新しい他のツールを評価するよう提案します。6か月経つと、また同じことが繰り返されます。

「銀の弾丸はない」 この本からこれだけは覚えておいて下さい。

どんなものでも、解決にはある程度の苦労が必要です。複雑なシステムの監視も、当然ながら例外ではありません。それと同じように、ネットワークやサーバやアプリケーションの状態が全部見えて、チューニングや専門スタッフが不要な、一目で分かる画面が付いたツールは存在しません。多くの監視ソフトウェアベンダはそんなツールがあると売り込んでいますが、それは神話でしかありません。

監視とは、単純で単一の問題ではありません。実際は非常に大きな問題の塊なのです。サーバの監視だけに話題を絞ってみても、ハードウェア（アウトオブバンドコントローラに始まり、RAIDコントローラやディスクなどまで）、OS、起動中のあらゆるサービス、およびそれらの複雑なやり取りに関して、メトリクスやログの扱いを考えることになります。（読者の多くがそうだと推測しますが）大きなインフラを動かしているなら、サーバにだけ注意を払っているのでは足りないでしょう。ネットワークインフラやアプリケーションも監視する必要があるはずです。

これらのことを全部やってくれるツールが欲しいというのは、妄想でしかありません。

それでは、どうすればよいでしょうか？

### 1.1.1　監視とは複雑な問題をひとくくりにしたもの

監視とは単一の問題ではないということはすでに示しました。それはつまり、1つのツールで解決できる問題ではないということでもあります。プロのメカニックが工具箱を持ち歩くように、以下のような汎用的あるいは専門化されたツールが必要になります。

- コードレベルでアプリケーションをプロファイリングしたり監視するなら、APM（Application Performance Management）ツールや、アプリケーション自身による計測（例えばStatsDなど）が必要。
- クラウドインフラのパフォーマンスを監視するなら、モダンなサーバ監視ソリューションが必要。
- スパニングツリーのトポロジ変更やルーティングの更新を監視するなら、ネットワークに焦点を当てたツールが必要。

成熟した環境では、汎用的なツールと専門化されたツールを組み合わせればよいでしょう。

#### 観察者効果は気にしない

観察者効果とは、監視する行為が監視対象を変化させてしまうことを言います。技術分野では、監視ツールがシステムに負荷を加えてしまうことを指すことが多いですが、これは大した問題ではありません。

今は2017年[†1]で、1999年ではありません。つまり、負荷は非常に小さい（はず）なので、システムは負荷が増えても処理できます。

（システムにインストールする）エージェントを使うのを気にする人もいるようです。しかしエージェントは悪いものではありません。使わないでどうやってシステムからメトリクスを取得するのでしょうか。エージェントの管理や設定を心配するなら、構成管理ツールを使うべきです（もし使っていないなら、この本は置いて、構成管理を学び導入しましょう）。エージェン

†1　訳注：原著の出版は2017年です。

トレスな監視は非常に柔軟性に欠けるので、本来必要な操作性や見通しを得られないでしょう。ここでひるまずに進むのです。

私は、**ツールを増やす**のを恐れる人が多いことに気づきました。環境を複雑にするのを怖がるあまり、ツールを増やすことに慎重になってしまうのです。慎重になるのはよいですが、私はそれほど問題にならないと考えています。

### いくつならツールが多すぎると言えるか

いくつ監視ツールを使ったら多すぎると言えるでしょうか。残念ながら、教えられるような決まったルールはありません。私は、特定用途向けにほんの一握りのツールだけを使う会社から、目的も機能も重複した100を超えるツールを使う巨大企業までで働いてきました。

私が言えるのは、「仕事ができる最低限の数にしよう」ということです。データベースを監視するのに3つのツールを使っていて、それらがすべて同じ情報を提供するなら、集約を考えましょう。一方で、データベースを監視する3つのツールがそれぞれ別の情報を提供するなら、おそらく問題ありません。ツールが分かれていることは、ツール同士が連携せず、データに関連性がない時にだけ本当に問題になります。

私からのアドバイスは、ツールは賢く注意深く選ぶべきで、かつツールが必要なら増やすのも怖がらなくてよいということです。ネットワークエンジニアが、目的に応じて専門化されたツールを使うのはよいことです。また、ソフトウェアエンジニアがコードを深く知るためにAPMツールを使うのもよいことです。

つまり、「ツールの統合」の名の下に必要性に見合っていないツールを使わされるより、問題を解決するツールを使う方が望ましいのです。誰もが同じツールを使わされるなら、単にフィットしないという理由により、よい結果が得られる可能性は低くなります。一方、当然心配すべきは、連携して使えないたくさんのツールを持ってしまうことです。システムチームが、ネットワークのレイテンシとアプリケーションのレスポンスの悪化を関連づけられないなら、ツール群を見直す必要があるでしょう。

ツールの勝手な採用を避けるため、会社内でツールに関する規格を作りたい場合はどうしたらよいでしょうか。同じことをやるたくさんのツールがあるかもしれません。そのような場合、組織的な経験、監視の簡単な実装、コストの削減などといった標準化から得られる恩恵を受けていません。こういった状況を認識するにはどうするべきでしょうか。

簡単です。要するに、人と話す、それもたくさんの人と話すのです。チームのマネージャとくだけた会話を始めて、どんな監視ツールがどんな目的で使われているかを知るのがよいでしょう。その際に、彼らのやり方を変えようとしているわけではないことを明確にしておきます。他人に変化を強要するのは、統合の試みを台無しにする最悪の方法です。したがって、その時点では気楽でくだけた会話に留めます。明確な答えが得られなければ、会計部門に確認しましょう。購入履歴や昨年のクレジットカードの利用額から、SaaSの月額あるいは年額利用料やライセンス費用が分かります。出てきたツールが実際に使われているかどうか確認するのも忘れないようにしましょう。もう使われていないけれど解約されていないツールかもしれません。

### 1.1.2　カーゴ・カルトなツールを避ける

Richard Feynmanの本『ご冗談でしょう、ファインマンさん！』（岩波書店）に、Feynmanが**カーゴ・カルト科学**について説明している部分があります[†2]。

> 南洋の島の住民の中には積み荷信仰ともいえるものがある。戦争中軍用機が、たくさんのすばらしい物資を運んできては次々に着陸するのを見てきたこの連中は、今でもまだこれが続いてほしいものだと考えて、妙なことをやっているのです。つまり滑走路らしきものを造り、その両側に火をおいたり、木の小屋を作って、アンテナを模した竹の棒がつったっているヘッドホンみたいな恰好のものを頭につけた男（フライトコントローラのつもり）をその中に座らせたりして、一心に飛行機が来るのを待っている。形の上では何もかもがちゃんと整い、いかにも昔通りの姿が再現されたかのように見えます。ところが全然その効果はなく、期待する飛行機はいつまで待ってもやってきません。このようなことを私は「カーゴ・カルト・サイエンス」と呼ぶので

†2　訳注：訳は『ご冗談でしょう、ファインマンさん（下）』（岩波書店）からの引用。原書『Surely You're Joking, Mr. Feynman!』（W.W. Norton）

す。つまりこのえせ科学は研究の一応の法則と形式に完全に従ってはいるが、南洋の孤島に肝心の飛行機がやってこないように、何かいちばん大切な本質がぽかっとぬけているのです。

年を追うにつれて、科学の世界でのこの現象は、ソフトウェアエンジニアリングやシステム管理でも見られるようになってきました。成功したチームや会社は、ツールや手順によって成功したのだという間違った考え方によって、そういったチームや会社が使っているツールや手順を採用して、同じ方法で自分たちのチームを成功させようとしてしまうのです。残念なことに、これは原因と結果が逆になっています。チームが成功したことによってツールや手順が作られたのであって、その逆ではありません。

インフラやアプリケーションを監視するツールや手順をおおやけにリリースする会社は一般的になってきています。これらのツールはそれなりに洗練されていて、今日広く使われている他の監視ソリューションの発展の影響を受けています（例えば、Prometheus［https://prometheus.io］はGoogle社内の監視ツールであるBorgmonにインスピレーションを受けています）。

ここで難しいのは、そのツールや手順だとなぜうまくいくのかを理解するための長年に渡る試行錯誤は、あなたからは見えない点です。こういったものをむやみに採用したからといって、必ずしもそのツールや手順を作った人たちが経験したような成功にたどり着けるわけではありません。ツールとは、仕事のやり方、前提、文化的あるいは社会的な規範が具現化したものです。このような規範が、そのままあなたのチームの規範にぴったりとはまる可能性は低いでしょう。

他のチームが公開したツールを採用しない方がよいと言っているわけではありません。むしろ、ぜひとも採用して下さい。本当に素晴らしく、あなたや同僚のはたらき方を変えてくれるものもあります。ただし、知名度の高い会社が使っているというだけで採用してはいけません。誰かが使っている、あるいはチームメンバーが使ったことがあるからという理由で選ぶのではなく、評価し、試してみるのが重要です。ツールが実現することと、あなたやあなたのチームが苦痛なく実現できることが一致し、うまく動くようにしましょう。質の悪いツール（あるいは素晴らしいけれどワークフローに合わないツール）に悩まされるには人生は短すぎるので、ツールを導入する前に、その機能をしっかり確認して下さい。ツールは注意深く選びましょう。

### 1.1.3　自分でツールを作らなければならない時もある

子供の頃、祖父の工具箱をあさるのが大好きでした。想像できうるあらゆる工具が入っていて、しかもそのうちのいくつかは使い方が想像できないものでした。ある日、祖父が何かを修理するのを手伝っていたら、突然祖父は作業をやめて、ちょっと困ったような顔をしました。そして、工具箱を引っかき回し始め、さらに飽き足らず、レンチと金づちとバイスを取り出しました。数分後、祖父がやりたいこと専用の新しい工具ができ上がりました。汎用的なレンチだったものが、今まで経験したことのない問題を解決するための専用ツールに変わったのです。きっと祖父は手持ちの工具だけなら、その問題の解決に何時間もかかったはずです。しかし、新しい工具を作ることで、本来使うはずだったよりも短い時間で、効率よく特定の問題を解決できたのです。

自分だけの特別なツールを作るのには利点があります。会社の標準構成が初めから適用されたAWS EC2インスタンスを作成する仕組みは、多くのチームが作るであろう自分専用ツールの例です。監視に関連した例もあります。私は以前、SNMP（9章で詳しく見ます）を使っている時、大量のデータから必要な特定のデータを抜きだす方法を探していました。やりたいことをしてくれるツールは出回っていなかったので、目的に応じた新しいツールを少しのPythonコードで作りました。

私は、全く新しい監視プラットフォームを作ろうとは言っていません。ほとんどの会社は、全くのゼロからプラットフォームを作った方がよいというレベルではありません。どちらかというと、私が言っているのは、小さく、何かに特化したツールのことです。

### 1.1.4　「一目で分かる」は迷信

私が行ったことのあるネットワークオペレーションセンター（NOC）はどこも、グラフや表などいろいろな情報で埋め尽くされた巨大なモニタで壁が覆われていました。私が働いたことのあるNOC（ノックと発音します）では、壁に広がった42インチのモニタ6つが割り当てられており、サーバやネットワークインフラ、セキュリティに関する情報が常に更新されていました。それは訪問者にとっては見応えのあるものでした。

しかし、監視に対する**一目で分かる**アプローチの意味合いには、誤解がありがちなのに気づきました。監視に対するこのアプローチは、状態を見るための1つの**場所**が欲しいということを表しています。私は1つのツールや1つのダッシュボードとは言っていません。これが誤解を解く重要な点です。

ツールとダッシュボードは、1対1に対応している必要はありません。1つのツールから複数のダッシュボードに出力するかもしれないし、複数のツールから1つのダッシュボードに出力するかもしれません。むしろ、複数のツールから複数のダッシュボードに情報を送ることになるでしょう。監視とは複雑な問題の塊であると考えると、すべてを1つのツールあるいはダッシュボードシステムに詰め込もうとするのは、効率的に仕事をしようとするのを妨げてしまうことになります。

## 1.2 アンチパターン2：役割としての監視

会社が成長するにつれて、チームメンバーは特定の役割を受け持つのが普通になってきます。私は各人が専門化した役割を持っている巨大企業で働いたことがありますが、そこではログ収集の専門家、Solarisサーバ管理の専門家、さらには他の人のために監視の仕組みを作って管理する人すらいました。3人のうちの1人が私です。

一見するとこの仕組みは効率が良さそうです。皆が万能選手になって、まあまあのレベルであらゆることをやるよりも、専門化したロールを作ることでメンバーが役割に完璧に集中できるのですから。しかし、監視となると問題があります。理解もできないものを監視する仕組みなんて作れるでしょうか？　それは難しいでしょう。

つまり、このやり方はアンチパターンです。監視とは役割ではなくスキルであり、チーム内の全員がある程度のレベルに至っておくべきです。構成管理ツール、あるいはデータベースサーバの管理方法に詳しいのは1人だけという状況にはしないのに、監視となると1人でもよいと思ってしまうのはなぜでしょうか。監視は他の仕組みから孤立した仕組みではなく、サービスのパフォーマンスのために重要なのです。

監視の旅へ進むに当たって、皆が監視について責任を持つことを主張して下さい。DevOps運動の重要な教義の1つが、オペレーションチームだけでなく全員が本番環境全体に責任を持つことです。ネットワークエンジニアは、ネットワークのどこを監視すべきで、どこがホットスポットなのかを最も理解しています。ソフトウェアエンジニアはアプリケーションについて誰よりも詳しいので、素晴らしいアプリケーション監視の仕組みをデザインするには最高の場所にいるのです。

サービスを作って管理することになったら、監視を最優先項目の1つにするよう努力して下さい。監視するまで本番環境とは言えないと覚えておきましょう。最終的には、素晴らしいシグナル・ノイズ比を持つ、はるかに堅牢な監視の仕組みになり、今までよりずっとよい情報をくれるでしょう。

ここで明確にしておかなければならないのは、セルフサービスの監視ツールをサービスとして他のチームに提供すること（Observability［可観測性］チームなどと呼ばれます）は正当で、よくあるアプローチです。そのような場合、社内で使われている監視ツールを作って育てていくのがそのチームの役割になります。しかし、そのチームはアプリケーションの監視をしたりアラートを作ったりするのが仕事ではありません。セルフサービスの監視ツールを作ったり提供したりする責任を持つチームや人を作ることは問題ありませんが、1人の肩に監視の全責任を押し付けてしまうような会社になることはアンチパターンです。

## 1.3 アンチパターン３：チェックボックス監視

監視がダメだと言う人がいると、多くの場合その問題の中心にはこのアンチパターンが存在しています。

**チェックボックス監視**とは、「これを監視してます」と言うための監視システムのことです。組織の中で上位に位置する人が要求してくることもあるでしょう。突然なんらかのコンプライアンス法令の遵守が求められ、急いで監視設定をせざるを得ないこともあるかもしれません。どういう経緯でそうなったかに関わらず、結果は同じです。監視の仕組みは非効率で、うるさく、信頼できず、監視の仕組みがないよりもひどいものになります。

このアンチパターンに陥ってしまっているかどうかを知るにはどうしたらよいでしょうか。以下のような兆候が考えられます。

- システム負荷、CPU使用率、メモリ使用率などのメトリクスは記録しているが、システムがダウンしたことの理由はわからない。
- 誤検知が多すぎるのでアラートを常に無視する。
- 各メトリクスを５分あるいはそれより長い間隔で監視している。
- メトリクスの履歴を保存していない（Nagios、お前のことだ）。

このアンチパターンは、監視を役割にしてしまうというアンチパターン２と一緒に見つかることが多いです。監視を設定する人がシステムの動作を完全に理解していない状態だと、シンプルで簡単なものの監視設定をしただけで、やることリストにチェックを付けてしまいます。

このアンチパターンを直すには、いくつかの方法があります。

### 1.3.1 「動いている」とはどういう意味か。「動いている」かどうかを監視しよう

この問題を解決するには、あなたが監視しているのは何なのかをまず理解する必要があります。この場合、「動いている」とはどういう状態なのでしょうか。サービスやアプリケーションのオーナーに聞いてみることから始めましょう。

動いているかを確認するため、高レベルなチェックを実行できるでしょうか。例えば、Webアプリケーションの場合、HTTPで`GET /`した結果を確認するといったことです。HTTPレスポンスコードを記録し、`HTTP 200 OK`が返ってきているか、ページに特定の文字列があるかどうか、さらにリクエストのレイテンシが小さいかどうかを確認します。この監視1つで、アプリケーションが本当に動いているかどうかに関するたくさんの情報が得られます。何かがおかしければ、`HTTP 200`レスポンスが返ってきているにもかかわらず、レイテンシが増大し、問題が発生している可能性を教えてくれます。また、`HTTP 200`が返ってきているけれど、存在するはずの文字列がページ内になくなってしまい、なにか別の問題があることを教えてくれるかもしれません。

あなたの会社内のあらゆるサービスやプロダクトに、こう言った高レベルなチェックが存在しているはずです。それらは何が悪いのかを教えてくれるとは限りませんが、**何か**がおかしいことを示す優れた指標です。時間が経てば、サービスやアプリケーションにさらに詳しくなり、もっと多くのチェックやアラートを設定できるようになるでしょう。

### 1.3.2 アラートに関しては、OSのメトリクスはあまり意味がない

システム管理者としてのキャリアを始めた頃、私はリードエンジニアのところへ行きました。あるサーバのCPU使用率が高いことを伝え、どうしたらよいか聞きました。彼の答えは私を驚かせるものでした。「そのサーバはやるべき処理はしてるんだろう？」 そうだと私は答えました。「それなら、何も問題はないじゃないか」。

動かすサービスによっては、元々リソースをたくさん使うものもありますが、それで問題ないのです。MySQLが継続的にCPU全部を使っていたとしても、レスポンスタイムが許容範囲に収まっていれば何も問題はありません。これこそが、CPUやメモリ使用率のような低レベルなメトリクスではなく、「動いているか」を基準にアラートを送ることが有益である理由です。

とはいえ、これら低レベルなメトリクスが役に立たないと言っているわけではありません。パフォーマンスに影響を与える可能性のある負荷の急変化やトレンドを確認できるので、OSのメトリクスは診断やパフォーマンス分析にとって重要です。しかし99%の場合、これらのメトリクスは誰かを叩き起こすには値しません。OSのメトリクスをアラートに使う明確な理由がないなら、止めてしまいましょう。

### 1.3.3　メトリクスをもっと高頻度で取得しよう

複雑なシステムでは、数分、あるいは数秒の間にたくさんのことが起きます。例えば、2台のサーバ間でなんらかの理由で30秒ごとにレイテンシが跳ね上がる場合を考えてみましょう。5分ごとに取得したメトリクスだと、こういったイベントを見逃してしまいます。5分に1回しかメトリクスを取得しないのは、実質的に何も見ていないのと変わりません。**最低でも60秒に1回メトリクスを取得しましょう**。トラフィックの多いシステムでは、もっと頻繁に、例えば30秒ごとや10秒ごとに取得しましょう。

すでにナンセンスだと指摘しましたが、メトリクスを頻繁に取得するとシステムに負荷がかかりすぎると主張する人もいるでしょう。モダンなサーバやネットワーク機器は高性能なので、監視を増やしたことによるちょっとした負荷は簡単に処理できてしまいます。

当然ながら高頻度で取得したメトリクスを長い期間ディスクに保存しておくのは高くつきます。10秒ごと取得したCPUのメトリクスデータを1年間保存しておく必要はないはずです。そのメトリクスに応じた適切なデータの間引き設定（roll-up）[†3]をするのを忘れないようにしましょう。

なお、多くの古いネットワーク機器は、非常に性能の低いマネジメントカードを搭載している場合があり、監視データのためにたくさんのリクエストを送ると落ちてしまうものもあります（Cisco、お前のことだ）。こういったデバイスに関しては、監

†3　データの間引きの設定方法とベストプラクティスについては、メトリクス保存ツールのドキュメントを確認して下さい。

視間隔を短くする前に検証環境でテストしましょう。

## 1.4 アンチパターン4：監視を支えにする

レガシーなPHPアプリケーションを運用するチームで仕事をしたことがあります。このアプリケーションは、大量のひどいコードとよく分からないコードでできていました。何もかも壊れやすく、何かが壊れたらそれに関する監視を追加するというのがチームの通常対応になっていました。これは一見して正しい対応のようですが、不完全に作られたアプリケーションという本来の問題を解決するには、ほとんど何の役にも立っていません。

監視が杖であるかのように寄りかかってはいけません。監視とは、問題を通知することに長けているのであって、通知を受け取った次にするべきことである、問題の修正を忘れてはいけません。注意を要するサービスを運用していて、そこに監視をどんどん追加している状態なのに気づいたら、そういったことはやめてサービス自体を安定して回復力のあるものにすることに時間を使いましょう。監視を増やしても壊れたシステムが直るわけではないので、状況の改善にはなりません。

## 1.5 アンチパターン5：手動設定

自動化が素晴らしいことについては誰もが賛成してくれると信じています。しかしだからこそ、監視の設定が手動なのでは納得がいきません。「これを監視に追加してもよいですか？」という質問は聞きたくありません。

### クラウド環境と従来型環境の監視

クラウドベースのアーキテクチャを監視するのは、従来型（静的ともいいます）のアーキテクチャを監視するのと比べて、ある大きな点で違います。それは、個別のなにかを監視するのではなく、何かの**集合**全体を監視することです。1つや2つのシステムを監視するのではなく、複数のシステムのまとまりを監視します。したがって、クラウドネイティブなアーキテクチャの監視をうまくやるには、自動化が必須になります。

監視設定は100%自動化すべきです。各サービスは、誰かが設定を追加するのではなく、勝手に登録されるようにしましょう。Sensu（`https://sensu.io/`）のようにノードの自動登録と自動解除がすぐ行われるようなツールを使っていようが、Nagiosと構成管理ツールを組み合わせていようが、監視は自動化すべきです。

自動化なしでしっかりインフラとアプリケーションを監視する仕組みを構築することの難しさは、どれだけ誇張してもしすぎることはありません。私はよく監視実装についてのコンサルティングを依頼されますが、多くのケースでは、監視自体ではなくその設定の方に多く時間を使っています。新しい監視設定やノードの追加をすぐにできないと、よりよい監視システムを作ることがストレスになってしまいます。しばらくすると、考えるのをやめてしまうかもしれません。一方で、Webサーバの全台に新しい監視設定を追加するのに数分しかかからないなら、ためらわずに行うでしょう。

**手順書依存**

詳しくは3章で触れますが、手順書（runbook）について書いておきます。手順書は、自動化が不十分であることを知るきっかけになる場合があります。もし手順書が単なるやることの羅列（例えば「このコマンドを実行、これを確認、そして別のコマンドを実行」）なら、さらなる自動化が必要です。手順書が参照しているアラートが単に手順を追っていけば解決できるものなら、その手順を自動化し、アラートを送る前に監視ツールがそれを実行してしまうことを検討しましょう。

## 1.6 まとめ

この章では、監視でよくある5つのアンチパターンについて学びました。

- ツールに依存しても、監視の仕組みはよくなりません。
- 監視は全員がやるべき仕事であり、チームや部署内での役割ではありません。
- 素晴らしい監視とは、チェックボックスに「これは監視してます」とチェックを入れるだけで済むものではありません。

- 監視するだけでは壊れたものは直せません。
- 自動化が足りていないということは、何か重要なことを見落としている可能性を知るよい方法です。

これで注意すべき監視のアンチパターンとその修正方法が分かったので、よい監視の習慣を付けられるでしょう。この5つの問題を解決しただけでも、よい状態になったはずです。もちろん完璧を目指す人は、この程度で満足しません。そのためにはアンチパターンの逆、**デザインパターン**について見ていきましょう。

# 2章
# 監視のデザインパターン

1章では、よかれと思ったことが大惨事を引き起こす原因になりうることについて述べました。この章を読み始める時点で1章で挙げた問題をすべて解決したとは期待していませんし、それで問題ありません。アンチパターンに気づき、その解決に取り組めるようになったので、次は新しい解決策が必要になるはずです。

この章では、真剣に受け止めて実装すれば、監視の最高の境地に達することができるデザインパターンを示し、疑問に答えていきます。

## 2.1 デザインパターン1：組み合わせ可能な監視

モダンな監視デザインの最初のパターンは、**組み合わせ可能な監視**（composable monitoring）です。その原理は簡単です。専門化されたツールを複数使い、それらを疎に結合させて、監視「プラットフォーム」を作ることです。このパターンは、多くの人が馴染みがあるであろうモノリシックなツール、代表的なもので言えばNagiosのようなツールとは対照的です。組み合わせ可能な監視は、Unix哲学を実践的にした考え方とも言えます。

> 1つのことを行い、またそれをうまくやるプログラムを書け。協調して動くプログラムを書け。
>
> ——Doug McIlroy

2011年、監視がいかにひどいかについての話が、#monitoringsucksというハッシュタグを使ってTwitter上で巻き起こりました。これは、#monitoringloveというハッシュタグに変わり、ボストンでMonitoramaというカンファレンスが行われるまでになりました。改善のためには何をするべきかについて、たくさんの会話がなされました。そこで挙げられた議題で最も大きなものは、新しいより良いツールが必要だということでした。より専門化したツールです。その中から組み合わせ可能な監視というアイディアが生まれ、実践の中でデファクトスタンダードになってきたのです。Graphite、Sensu、logstash、collectd といったツールが広く使われるようになり、専門化したツールを一緒に組み合わせることで、より柔軟性があり、問題の少ない監視スタックが作れることが明らかになりました。Librato、Loggly、Pingdom といった商用サービスも、どのように監視するかを制御し管理する豊富な API を備えています。

組み合わせ可能な監視の利点として、1つのツールややり方に長期間にわたってコミットする必要がないことが挙げられます。あるツールがやり方に合わなくなった時、監視プラットフォーム全体を置き換えるのではなく、そのツールだけを削除して他のもので置き換えればよいのです。このような柔軟性を得るには、アーキテクチャがより複雑になりますが、そこから得られる利益の方がかかるコストを上回ります。

### 2.1.1 監視サービスのコンポーネント

専門化されたコンポーネントを疎結合で組み合わせて監視プラットフォームを作るなら、まず監視システムを構成する要素を見ていく必要があります。監視サービスには次の5つの要素があります。

- データ収集
- データストレージ
- 可視化
- 分析とレポート
- アラート

モノリシックなツールを使っていても、これらの要素は含まれています。単に複数のツールに分かれているのではなく、1つのツールになっているだけです。組み合わせ可能な監視がいかに役立つかを理解するため、各コンポーネントを詳しく見ていきましょう。各コンポーネントはコンセプトとしては分かりやすいですが、実践するとなるとシンプルなものから非常に複雑なものまでいろいろです。幸いなことに、実装に当たってどのくらい複雑にするかについては、いくつかのやり方があります。

## データ収集

データ収集コンポーネントは、その名のとおりデータを収集します。データ収集を行うには主な方法として2つ、**プッシュ**と**プル**があります。この区別は、解説記事やカンファレンスでの発表で想像した以上に多く取り上げられています。しかし本書を読むに当たっては、そこは重要ではありません。都合がよい方を使って下さい。

プル型では、サービスがリモートノードに対して、ノードの情報を送りつけてくるよう要求を出します。中央サービスは、いつリクエストが起きるかスケジュールすることに責任を持ちます。SNMPとNagiosには慣れているかもしれませんが、これらはどちらもプル型の監視ツールです。プル型はいかなる時もよくないという人もいますが、私は微妙な違いと考えています。ネットワーク機器の監視の場合、ネットワークハードウェアベンダがゆっくりとその取り組み方を変えてはいますが、SNMPを使うことになるでしょう。他のユースケースとしては、アプリケーションのメトリクスとステータス情報を/healthというHTTPエンドポイントに出力し、監視サービスやサービスディスカバリツール（Consul［https://www.consul.io/］やetcd［https://coreos.com/］）、あるいはロードバランサによって監視するパターンがあります。

メトリクスに関しては、プル型のメカニズムには面倒な欠点があります。プル型は中央システムがすべてのクライアントを把握してスケジュールし、応答をパースしなくてはならないので、スケールしにくいのです。

プッシュ型では、クライアント（サーバやアプリケーションなど）はデータを他の場所に、一定間隔あるいはイベントが発生したタイミングでプッシュします。syslogの転送は、不定期なイベントを含むプッシュ型のよい例です。また、広く使われているメトリクス収集エージェントであるcollectdは、一定間隔でデータを送るプッシュ型の例です。プッシュ型ではポーリングを行う中央サーバは存在しないので、クラウド環境のように分散アーキテクチャではスケールしやすくなります（ポーリングを行うサーバが複数いる場合のポーリングスケジュールの調整は難しく、ポーリングする全ノードのマスタリストを管理する必要があります）。データをプッシュするノードは、送り先さえ知っておけば、データの受け側がどう実装されているかは気にする必要がありません。そのためプッシュ型は冗長性に優れていて高可用性のある構成がとれます。

どちらの方法もそれぞれメリットとユースケースがあります。私の経験上、プッシュ型ツールの方が使いやすいと考えがちですが、使い方によるでしょう。

どんなデータを集めるかによって、メトリクスとログという2種類のデータがあることに注意する必要があります。

### メトリクス

メトリクスには2つの表現方法があります。

#### カウンタ（Counter）

カウンタは、増加していくメトリクスです。車の走行距離計がその例です。カウンタは、Webサイトに訪れる累計人数を数えるといった用途に最適です。

ネットワークインタフェイスのトラフィックもカウンタの例の1つです。車の走行距離計のように、カウンタには上限があります。上限を超えてしまうと、カウンタは「最初に戻り」また0から始まります。この仕組みの技術的な例は、ネットワークインタフェイスの32ビットカウンタがあります。負荷が100%の状態では、1Gbインタフェイスの32ビットカウンタは32秒ごとに最初に戻ります。幸いなことに、カウンタを持つほとんどのOSやネットワーク機器は、最初に戻るのに年単位の時間（4年半）がかかる64ビットカウンタを使っています。これが問題になるのはほとんどネットワーク機器だけです。ネットワーク機器については9章で詳しく見ていきます。

#### ゲージ（Gauge）

ゲージは、ある時点の値を表します。車の速度計がゲージの例です。ゲージの仕組みには重大な弱点があります。過去の値について何の情報も与えてくれず、未来の値を推測するヒントもくれません。しかし、ゲージの値を時系列データベース（TSDB）に保存することで、後から過去のデータを取り出したり、グラフにプロットしたりできます。これから扱うものの多くはゲージのデータです。

### ログ

ログは、基本的には連続した文字列のことで、（可能なら）いつイベントが発生したのかを示すタイムスタンプが関連づけられたものです。ログには、メトリクスが持つよりかなり多い情報を持てるので、人間が読むことなしに情報を抽出するには、何らかのパースが必要になることが多いでしょう。ログには、構造化ログと非構造化ログの2つのタイプがあります。

多くの人が馴染みがあるのは非構造化ログです。**非構造化ログ**は、各フィールドに対して明確な意味のマッピングがありません。例えば、広く使われているWebサーバであるNGINXの以下のログエントリを考えてみます（実際は1行です）。

```
192.34.63.77 - - [26/Jun/2016:14:06:22 -0400] "GET / HTTP/1.1" 301 184 "-"
"Mozilla/5.0 (Windows NT 10.0; WOW64) AppleWebKit/537.36
(KHTML, like Gecko)Chrome/47.0.2526.111 (StatusCake)" "-"
```

ステータスコードとユーザエージェントはどれかと聞かれたら、すぐに分かるでしょうか？　非構造化ログにおいては、順序が意味を持つ場合がよくあります。そのため、NGINXやWebサーバに慣れていない人は、NGINXのドキュメントを見ずにこの質問に答えるのは難しいでしょう。

同じログエントリを、JSONで構造化してみましょう。

```
{ "remote_addr": "192.34.63.77",
  "remote_user": "-",
  "time": "2016-06-26T14:06:22-04:00",
  "request": "GET / HTTP/1.1",
  "status": "301",
  "body_bytes_sent": "184",
  "http_referrer": "-",
  "http_user_agent": "Mozilla/5.0 (Windows NT 10.0; WOW64) AppleWebKit/537.36
        (KHTML, like Gecko) Chrome/47.0.2526.111 (StatusCake)",
  "http_x_forwarded_for": "-" }
```

見てのとおり、ログエントリはキーと値のペアの集合になりました。キーの意味が明確になったので、各フィールドの意味を理解するのが簡単になりました。さらによいのが、コンピュータがやるべきことをやらせる、つまり情報を簡単に抽出できるようになることです。可能なら、構造化ログを実際に使ってみることをおすすめします。いろいろなサービスで構造化ログ（JSONがいちばん人気です）に乗り換えるやり方[†1]がオンラインにたくさん存在しています。

### 非構造化ログの方がよいこともある

ユースケースやツールによっては、非構造化ログを構造化ログに変えるのは意味がないこともあります。ログの量が少なく、grepやtailより複雑なツールを使う必要もなく、人間が読むだけなら、非構造化ログのままでもよいでしょう。必要以上に複雑にする必要はありません。

つまり、多くのログは構造化され、パースできるシステムに送られる**べき**だということになります。

ログ収集はいくつかの方法で行えますが、最も広く使われている（そして最も簡単な）のは、システムでログ転送を設定することです。ネットワーク機器も含め、ほとんどのメジャーなOSやロギングデーモンは、ログ転送をサポートしています。ログ転送を使うと、ローカルにシステム上に保存する代わりに、他の場所にログを送るようシステムを設定できます。これにより、ログを各システム上で分析するのではなく、複数のシステムのログを1箇所で分析できるようになるという明確な利点があります。巨大なシステムでは、大規模な分析のために同じようなデータを簡単に集約できるようになります。例えば、ロードバランサの配下に多数のWebサーバがあるというシナリオを考えてみましょう。リモートのロギングサービスにログ転送しておけば、ログをチェックするために各Webサーバにログインする代わりに1箇所でログを分析でき、Webサーバが何をしているかより全体像を掴みやすくなります。

何かのアプリケーションを開発しているなら、そのアプリケーションからログに情報を出力すべきです。ほとんどのプログラミングフレームワーク（Ruby on RailsやDjangoなど）には、独自の構造、あるいは自分で構造を定義することもできる、ビルトインのロギング機能が備えられています。ファイルがディスク上に保存されたら、サーバ上のsyslogデーモンでリモートサービスにこのログファイルを簡単に転送できます。

†1　ApacheやNGINXでJSONに乗り換えるガイドの例（http://bit.ly/2vAWbsX）。

## データストレージ

データを収集したら、どこかにそれを保存する必要があります。データタイプによっては、特別な方法で保存することになります。

時系列データであるメトリクスは、通常は**時系列データベース**（TSDB、Time Series Database）に保存されます。TSDBは、基本的にはタイムスタンプと値というキーと値のペアから構成される時系列データを保存するためにデザインされた、専用のデータベースです。このキーと値のペアを、**データポイント**と言います。よく使われているTSDBには、RRD（Round Robin Database）やGraphiteのWhisperがあります。それ以外にも、成熟度が異なるたくさんのTSDBがあります。

TSDBの多くでは、一定期間後にデータの「間引き」（roll up）や「有効期限切れ」（age out）が発生します。これは、データが古くなったら、複数のデータポイントが1つのデータポイントにまとめられることを意味します。よくある間引きの方法としては平均化がありますが、データポイントの合計をするなど、ツールによっては他の方法もサポートしています。

例として、60秒ごとにノードからデータを収集し、1日はそのままの分解能（resolution）で保存し、3日後に5分単位でデータをまとめるとしましょう。これはつまり、24時間分のメトリクスは86,400データポイントあるのに対し、その後3日間では864データポイントしかないことになります。これは、5分間のデータを1つのデータポイントにまとめて平均化してしまうからです。メトリクスの間引きは、そのままの分解能でメトリクスを保存すると、ディスク容量を多く必要とすること、グラフ描画のためにディスクからデータを読み出すのに時間がかかってしまうことという2つの問題に対する妥協から生まれたものです。

データを間引きするのは好ましくないという意見を持つ人もたくさんいます。確かにメトリクスの種類によってはこれは正しいと言えます。しかし、運用上で扱うデータの大部分についてはどうでしょうか。先週のCPU使用率を60秒ごとの粒度で気にするなんてあるでしょうか。おそらくそんなことはありません。運用上のデータについては、直近のイベントの方を注視していて、古いトレンドは大まかな動きが分かればよいでしょう。

ログのストレージには2つの方法があります。システムによってはシンプルな通常のファイルにデータを保存していることもあります。もしリモートストレージに保存するため、`rsyslog`でログを他のsyslogサーバへ転送したことがあれば、実際どうなっていたかを見たことがあるはずです。より高度な方法は、検索エンジン(例えばElasticsearchなど)に保存することです。あなたがログを活用したいと考えているなら、後者に興味があるでしょう。多くのロギングプラットフォームは、検索を透過的に行えるストレージコンポーネントを備えているはずです。

メトリクスのストレージは比較的安いですが、ログの保存は高くつくことがあります。1日あたり数TBのログデータを生成することも珍しくありません。これに対する魔法のような解決策はありませんが、圧縮したり保存期間を設定することで問題を軽減できるでしょう。

## 可視化

監視プラットフォームを目に見える形にしてくれるコンポーネントであるチャートとダッシュボードが、皆大好きです。しかし、モノリシックなツール(NagiosやSolarWinds NPMなど)を使っているなら、付属のダッシュボードには自分で何かを作る余地はほとんどないでしょうから、それに縛られることになります。組み合わせ可能に作ったツールを使っているなら、やれることはずっと多くなります。

なぜ自分用のフロントエンドを作りたくなるのでしょうか? たくさんのデータを持つのはよいことですが、それがあなた自身やチームの求めるものに沿った形でデータを理解できないなら、そのデータは無駄です。散らかってややこしいダッシュボードにたくさんのメトリクスが表示されてもうれしくありません。優れた監視の背景にある原則は、あなたの環境で最適に動く仕組みを作るべきだということです。

世の中には、Grafana(https://grafana.com)やSmashing(https://github.com/Smashing/smashing)のようなダッシュボード製品やフレームワークがたくさんあります。

可視化の話はそれだけで1冊の本が書けます。おっと、待って下さい。このトピックではたくさんの素晴らしい本がすでに存在しています。Edward Tufteの『The Visual Display of Quantitative Information』(Graphics Press)と、Stephen Fewの『Information Dashboard Design』(Analytics Press)は、データ可視化の世界により深く飛び込むための優れたリソースです。このような短いコラムで、私はこれらの本に書いてあることを正しく扱うことはできないので、可視化に興味があるなら、これらを読むことを強くおすすめします。

時系列データの最も一般的な可視化の方法は、折れ線グラフ（line graph、strip chartともいう）です。しかし、役立つ表現方法は間違いなく他にもあります。表形式、棒グラフ、数字、あるいはただのテキストなどのデータ表現方法は、どれもそれぞれ有用です。Opsやソフトウェアエンジニアリングの世界では、ほとんどの場面で折れ線グラフを使うことになるでしょう。

**お願いだから円グラフは使わないで**

円グラフの主な目的は、ある時点での状態の可視化です。円グラフには、過程やトレンドといった情報が含まれていないので、あまり変化しない値を表現するのに向いています。円グラフの最も一般的な使い方は、データを全体との関連で表現することですが、その場合でも、棒グラフの方がよい可視化の方法である場合が多いです。

何がダッシュボードを素晴らしいものにするのでしょうか。価値あるダッシュボードには、異なる視点とスコープがあります。素晴らしいダッシュボードは、ある場面で持った疑問に回答をくれます。会社内の主要な機能やサービス（WAN、LAN、アプリケーションなど）のハイレベルな概要だけを表示するダッシュボードが1つありつつも、これらの主要サービス個別のダッシュボードを複数持っている場合もあるでしょう。さらに、これらのサービスに対する違う視点でのダッシュボードもあるかもしれません。

最高のダッシュボードは、1つのサービス（例えば社内メールシステムや企業ネットワークのルーティングトポロジ）あるいは1つのプロダクト（例えば1つのアプリケーション）のステータスを表示することに焦点を絞るものです。このようなダッシュボードが最も効果的なのは、そのサービスを最もよく理解している人たちによって作られ、運用されている時です。例えば社内メールサービスでいえば、その社内メールサービスの管理者がダッシュボードを作るべきでしょう。

### 分析とレポート

監視データの種類によっては、単なる可視化を超えて、分析とレポートの分野に踏み込むと有益な場合があります。

よくあるユースケースの1つとして、アプリケーションとサービスの**サービスレベ**

**ルアグリーメント**（SLA、Service Level Agreement）を決定し、レポートする場合が挙げられます。SLAとは、サービス提供者と顧客（外部の課金顧客か、社内のチームなのかは問わない）との間で取り交わされる、アプリケーションやサービスに期待される可用性についての契約です[†2]。これは通常、月ごとに決められます。契約によっては、SLAを満たせない場合に契約違反に対するペナルティもあり得ます。ペナルティ事項の存在しないSLAは、むしろ「目指すべき目標」と一般的には捉えられます。ペナルティの有無に関係なく、可用性を有効に報告できるよう、監視データが完全で正確であることが重要です。

### SLAとは、（ほとんどの場合）願望や嘘である

私はSLAを信じていません。最悪の場合、あなたが顧客を失うこともあるのに、あなたが使用しているサービスがSLAを満たさなかったことのペナルティは、単なる返金です。多くの企業向けソフトウェアの契約には、現実的でないSLA期待値（「ダウンタイムなし」の類）が書かれていて、全体を疑わしくしてしまっています。

可用性は、9の数で表します。つまり、99%は**ツーナイン**、99.99%は**フォーナイン**[†3]です。シンプルなインフラでは、この計算は単純です。どれだけのダウンタイムがあったのか明確にして、可用性のパーセンテージを計算しましょう。計算の公式も単純で、**a = 稼働時間 / 総運用時間**（総運用時間は、そのコンポーネントの稼働時間とダウンタイムの和）です。計算結果のaが可用性のパーセンテージです。例を見てみましょう。

アプリケーションを丸々1か月（43,800分）運用したうち、93分間のダウンタイムがあった（つまり稼働時間は43,800 − 93 = 43,707）とすると、可用性は99.7%（43,707/43,800）になります。簡単ですね。

†2　たとえ必要とされていなくても、SLAに当たる情報を監視しておくことをおすすめします。今後の改善のために、システムの信頼性を理解しておくのは有益です。

†3　可用性の数字に関する表が付録Bにあります。

**サンプリングエラーに気づいていますか**

この計算は実は穴があり、見逃しやすい問題があります。それは、サンプリングエラーです。

標本化定理[†4]（ナイキスト・シャノンのサンプリング定理）によると、2分間のダウンタイムを計測するには、1分間隔でデータを収集する必要があります。したがって、1秒間のダウンタイムを計測するには、1秒未満の間隔でデータを収集する必要があります。これは、99%よりも高い精度でSLAを算出することがいかに難しいかを示す理由の1つです。

ところが、そう簡単ではないのです。複雑なアーキテクチャでは稼働時間と総運用時間を計算するのは大変なことに気づいた人もいるかもしれません。ここで必要な数字を準備するために、アプリケーションが依存する各コンポーネントすべてに対して計算を行う必要があります。アプリケーションのコンポーネントが冗長性を持っていたら、正確さを取るか簡単さを取るか選べます。

可用性の計算と報告を完全に正確にやりたいなら、冗長なコンポーネントそれぞれの可用性を計算し、次に全体の可用性を計算する必要があります。この時の計算はあなたが考えている以上に複雑になる可能性があり、私に言わせればあまり役に立ちません。

その代わり、内部の冗長なコンポーネントの可用性を無視して、全体の可用性を計算してしまうことをおすすめします。計算はずっとシンプルになり、かつあなたが知りたい数字を直接教えてくれます。

可用性に関して見落とされがちなのが、依存するコンポーネントがある場合です。あるサービスの可用性は、そのサービスの下のレイヤにあるコンポーネントの可用性を超えることはできません。例えば、AWS EC2はSLAにおいて1つのリージョンに対して99.95%の可用性しか提供していない（https://aws.amazon.com/jp/compute/sla/）[†5]ことを知っていたでしょうか。これは年に4時間のダウンタイムがあり得るということです。もしあなたのサービスのインフラがAWSの1つのリージョンだけで動いているなら、SLAの契約違反をせずにこれより高いSLAを顧客と約束することはできません。同じように、基盤のネットワークが不安定なら、スタック内でより

†4 https://ja.wikipedia.org/wiki/標本化定理

†5 訳注：2017年11月にEC2のSLAは99.99%に引き上げられると発表（https://aws.amazon.com/jp/about-aws/whats-new/2017/11/announcing-an-increased-monthly-service-commitment-for-amazon-ec2/）されました。

高いレイヤにあるサーバやアプリケーションは、ネットワークより信頼性が高くなることはないはずです。

最後に言っておきたいのが、可用性100%は現実的ではないということです。シックスナイン（可用性99.9999%）の可用性とは、つまり**年間ダウンタイムはおよそ31秒**です。AWS EC2ですらフォーナインよりも低いSLAしか保証していないことを思い出して下さい。しかも、あなたの会社の年間利益よりも多い金額を、AWSはEC2の信頼性のために投資している可能性が高いのです。可用性の9を1つ増やすごとに莫大なコストが必要で、その投資はそれだけの価値がない場合もあります。多くの顧客は、99%と99.9%の間の違いは分からないのです。

### アラート

私は、監視の目的を理解しないまま監視の仕組みを構築している人が多いことに気づきました。そう言った人たちは、何か問題がおきた時にアラートを出すことが監視システムの目的だと信じているのです。Nagiosのような比較的古い監視システムは、このような結論に人々を導きやすいのですが、監視にはもっと高い目的があります。私の友人はこう言っています。

> 監視は、質問を投げかけるためにある。
>
> ——Dave Josephsen, Monitorama 2016

つまり、監視とはアラートを出すために存在しているのではありません。アラートは結果の1つの形でしかないのです。そう考えた上で、収集しているメトリクスやグラフそれぞれは、アラートと1対1対応している必要はないことを思い出して下さい。

## 2.2 デザインパターン2：ユーザ視点での監視

ここまでですでに何か作り始めたくてウズウズしているかもしれませんが、どこから始めたらよいでしょうか。あなたのアプリケーションとインフラは複雑で、たくさんの可動部分から構成されており、どこが壊れてもおかしくありません。

計測する必要がありそうな箇所はたくさんありますが、手をつけるのに最適な場所があります。それはユーザです（図2-1）。

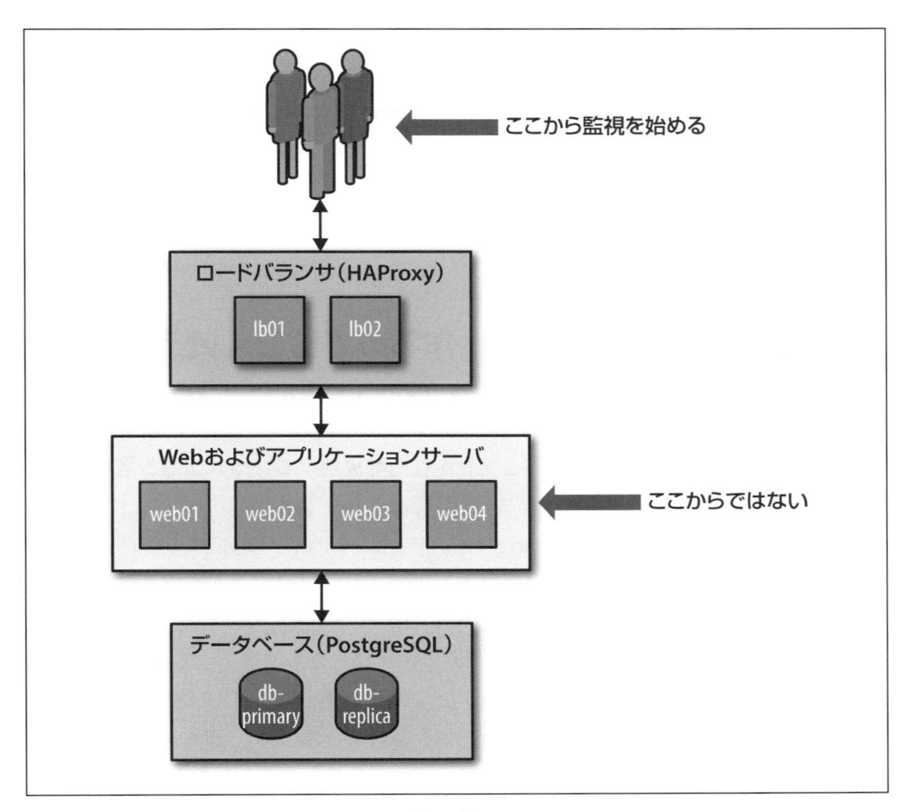


図2-1　できるだけユーザに近いところから監視を始める

まず監視を追加すべきなのは、ユーザがあなたのアプリケーションとやり取りをするところです。Apacheのノードが何台動いているか、ジョブに対していくつのワーカが使用可能かといったアプリケーションの実装の詳細をユーザは気にしません。ユーザが気にするのは、アプリケーションが動いているかどうかです。とにかくユーザ視点を優先した可視化が必要です。

最も効果的な監視ができる方法の1つが、シンプルにHTTPレスポンスコード（特にHTTP 5xx番台）を使うことです。その次として、リクエスト時間（レイテンシとも言う）も有益です。このどちらも**何が**問題なのかは教えてくれませんが、**何かが**問題で、それがユーザに影響を与えていることは分かります。

ユーザ視点優先の監視によって、個別のノードを気にすることから解放されます。

データベースサーバのCPU使用率が急上昇しても、ユーザが影響を受けていないなら、それは本当に問題でしょうか。

とはいえ、私はこれがアプリケーションを計測すべき唯一の場所であるとは言っていません。ユーザから始めるべきではありますが、Webノードやワーカノードといったコンポーネントの監視にすばやく対象を広げていく必要があります。必要なだけ深く広く対象を増やしつつも、「このメトリクスはユーザへの影響をどう教えてくれるだろうか」と常に自問自答して下さい。

## 2.3 デザインパターン3：作るのではなく買う

1章で**ツール依存**のアンチパターンについて取り上げました。このデザインパターンはつまり、ツール依存アンチパターンに対する答えです。

私は、監視ツールや監視にまつわる文化が社内で成熟するにつれ、ある過程をたどることに気づきました。

多くの企業は、最初は監視のSaaSサービスを使います。これによって、監視の仕組みをすぐに立ち上げて動かすことができ、素晴らしいプロダクトを作ることに集中できるようになります。

ある時点（企業やチームごとにこのタイミングは異なります）で、監視の仕組みを社内に構築します。お金の問題でそうなることもありますし、使っていたSaaSが成長するサービスのニーズに合わなくなる場合もあります。移行先のツールは、Graphite、InfluxDB、Sensu、Prometheusといったよく知られたFOSS[†6]監視ツールです。

そこからひと握りの企業はさらに大きくなり、ユニークな問題やニーズを満たすための独自の監視プラットフォームを構築します。Netflix、Dropbox、Twitterと言った企業は、このグループに属します。

これらの各ステージが混ざったり重複している場合もありますが、ここで重要なのは、監視の仕組みが十分に成熟していないなら、監視を始めるところからいきなり自社の監視プラットフォームの構築にジャンプするべきでないということです。ツールがニーズに合わなくなり、システムがツールを超えて成長したら、次へ進みましょう。現時点で監視の仕組みがなかったり、ひどい監視しかしていないなら、監視についての基礎的な部分に取り組むべきで、ツールを気にするのは最低限にしましょう。

†6 訳注：Free and open-source softwareの略。

多くの点に関して、私は監視のSaaSソリューションの支持者です。5年間は悩む必要はなくSaaSを監視に使うべきだというのが私の考えです。理由を述べましょう。

### 2.3.1 安いから

FOSSを使うか自前のツールを使うかに関わらず、監視の仕組みを構築する時に考えることはなんでしょうか。ツールを構築して運用していく常勤のメンバーのコスト、監視システム以外にこのメンバーが関わることで得られたはずの逸失利益、ドキュメントを作成するための時間、社内ツールの教育のための時間、ミッションクリティカルなサービスを社内で運用することから発生する運用の複雑さによるコスト、などがあるでしょう。

例を考えてみましょう[†7]。

- 常勤メンバーの平均コスト（賃金＋福利厚生＋オーバーヘッド）：年$150,000[†8]
- メンバー数：3人
- まともな仕組みを作るまでの時間（安定性、スケーラビリティ、ドキュメント、トレーニング）：4週間
- メンテナンス時間：月20時間

これらを前提とすると、仕組みを作るまでに$35,000のエンジニアリング時間が必要で、さらに運用のために（およそ）年$18,750がかかります。機会損失も忘れないようにしましょう。3人のエンジニアが監視プラットフォームを作るのに1か月かけるということは、3人のエンジニアが会社に直接の売上げもたらさないことを1か月やるということです。

機会損失は役割やビジネスニーズによって変わるので、定量的に測るのは難しいです。例えば、あなたの会社が顧客のネットワークを直接管理しているのでなければ、SaaS企業のネットワークエンジニアは、ソフトウェアエンジニアと比べれば売上げの直接の貢献という点では重要ではないはずです。適切に判断しましょう。

†7 これは非常に雑な見積りの例です。

†8 訳注：ドル円換算すると日本におけるエンジニアの賃金との違いに驚くかもしれませんが、原文のままにしておきます。

ちなみに、多くの会社では素晴らしいSaaSの監視ソリューションを使うのに年$6,000から$9,000をかけています。これは大きな額かもしれませんが、その出費に見合うだけの価値があります。

### 2.3.2　あなたは（おそらく）監視ツールを設計する専門家ではないから

あなたはおそらく、高スループットでミッションクリティカルな監視サービスを構築して運用する専門家ではないでしょう。もしそうだとしても、監視サービスの構築が最適な時間の使い道でしょうか[†9]。メールサーバやDNSサーバを自前で運用したことを覚えている人も多いでしょうが、SaaSソリューションが広まったおかげで、もうそれらを自前で運用している人はほとんどいません。SaaSソリューションを使うと、特定の問題領域に特化した専門知識を、自分でやるよりもずっと安く手に入れることができます。例えばAmazonはおそらく、スケールの大きい高可用性のインフラをあなたよりずっとうまく運用できます。したがって、何も考えずGmailやGoogle Appsを使うように、そういったサービスを使いましょう。

### 2.3.3　SaaSを使うとプロダクトにフォーカスできるから

SaaSツールを使うと、簡単かつすぐに監視の仕組みを立ち上げて運用を始められます。いくらすばやくても、稼働可能な自前のソリューションを作るには数日はかかるでしょう。まともなユーザドキュメントや高可用性の仕組み、自動化などがなくても動くには動きます。一方で、SaaSを使えば数分で動く仕組みが手に入り、しかも始めたタイミングからドキュメントなども手に入ります。

### 2.3.4　実際のところSaaSの方がよいから

もちろん、監視のSaaSに対する異論もたくさん聞いています。しかし正直言って、それらの意見の多くはあまりよいものではありません。私が聞いたことのあるSaaSを使わない合理的理由は、以下の2つだけです。

- SaaS監視サービスでは間違いなく足りない場合。これはあなたが考えるよ

†9　プロダクト自体が監視サービスの場合は例外です。その場合はむしろよいことです。

りずっと稀なことです[†10]。

- セキュリティやコンプライアンス上の理由。政府ですら多くのサービスにSaaSを使っているのに、企業の監査担当者と議論になると、提案は却下されがちです。これを解決するため、多くの企業ではログに何を入れて送るかを文書化し、SaaSサービスに機密情報を送らないようにします。その事情は人それぞれです。

SaaSを使いたがらない人が挙げる理由のほとんどは、すでにここまで見てきた認知コストに行き着きます。インフラやアプリケーションが成長するにつれて、それを監視するための労力も大きくなります。しかし、オンプレミスな監視の仕組みを成長させるのに必要な時間は、SaaSの監視の仕組みを成長させる時間を超える傾向があります。SaaSの仕組みを大きくして例えば年$120,000支払うことになると、この支払いを嫌がって自前の監視の仕組みを構築するチームを作り始めます。これらのチームは4人や5人のメンバーから構成されるので、つまり人件費だけで年$600,000から$750,000かかってしまいます。要するに、SaaSを使えているうちは、まだSaaSでこと足りている可能性が高いのです[†11]。

監視にSaaSを使うのを非難する人の多くは、意識的か無意識か偏った考えがあり、技術的あるいは経済的な理由を元にしているわけではありません。

## 2.4　デザインパターン 4：継続的改善

Google、Facebook、Twitter、Netflix、Etsyといった進歩的な企業のことを調べて、彼らが監視についていかに素晴らしいことをやって来たかに驚いた人もいるでしょう。そういった企業がいかにして高度な監視の仕組みを作ったかについて書いたブログもたくさんあります。しかし、それらの企業が今日の状態に至るまでに何年もかかっていることを忘れている人もいるようです。それぞれの企業内では、仕様が変わり組織が成熟するにつれて、使われなくなったツールがあり、新しく作られたツールがあります。

あなたはおそらく、このように大きくて成熟した企業で世界レベルの監視サービス

†10　自前で監視ツールを運用するのは、お金とエンジニアリング時間の点でコストが大きすぎるため、大きな企業がオンプレミスの監視ツールからSaaSに乗り換えた有名な例もいくつかあります。それを頭に入れておいて下さい。

†11　Airbnb、Pinterest、Yelp、Targetといった非常に大きい企業でも、いまだに監視にSaaSを使っています。

を作る責任者というわけではないでしょう。しかし、監視の仕組みを改善する取り組みは時間と共に変わっていき、明日は世界レベルになるであろう仕組みも、1年後にはそうではない可能性もあります。いくらうまく運用していても、要求される仕様が変わったり業界が進歩するにしたがって、2年あるいは3年で監視の仕組みを再構築しなおすことになるかもしれません。

つまり、世界レベルの仕組みは1週間でできるものではなく、数ヶ月あるいは数年間にわたる継続した注意深さと改善から生まれるものです。あなたはこの長い道のりの途中にいるのです。

## 2.5 まとめ

この章では、4つの主なデザインパターンを取り上げました。

- 組み合わせ可能な監視の仕組みは、モノリシックな仕組みよりも効果的です。
- ユーザ視点優先での監視によって、より効果的な可視化ができます。
- 監視の仕組みは、可能な限り自分で作るのではなく買うことを選びましょう。
- 常に改善し続けましょう。

これは完璧なリストではありませんが、この4つを適用すれば、ほとんどの会社の仕組みより素晴らしい監視プラットフォームを作れるでしょう。

ここまででこれらのパターンが使えるようになりました。次は、失敗しやすく、理解が難しく、監視についての辛さの大半を占めるであろうアラートのデザインについて取り上げましょう。

# 3章
# アラート、オンコール、インシデント管理

アラートは、監視の中でも特にうまくやる必要がある重要な部分です。理由はともかく、インフラは真夜中におかしな動きをしがちです。どうしてそういう問題はいつも午前3時に起きるのでしょうか。どうして障害が起こるのは火曜日の午後2時ではないのでしょうか。アラートがなかったら、障害に気づくためには毎日ずっとグラフを眺め続けている必要があります。しかし、壊れる可能性のあるものがたくさん存在していて、どんどんシステムが複雑になっていくことを考えれば、そんなことはとても不可能です。

そこでアラートです。アラートが監視システムの重要な機能の1つであることには、誰もが賛同するでしょう。しかし、監視の目的はアラートを送るだけではないことを、私たちは忘れがちです。定義を思い出してみましょう。

> 監視とは、あるシステムやそのシステムのコンポーネントの振る舞いや出力を観察しチェックし続ける行為である。

アラートは、この目的を達成するための1つの方法でしかないのです。

素晴らしいアラートは、見た目よりも難しいものです。システムのメトリクスは急激に変化しやすいので、そのままのデータポイントを使ってアラートを送ると、誤った警報を送ってしまいやすくなります。この問題を回避するため、移動平均を使ってデータをならします（例えば5分間のデータを平均して1つのデータポイントにまとめる）。しかし、これによって情報の粒度が落ち、重要なイベントを見逃すことに繋がることがあります。これではよいことがありません。

アラートをうまく送るのが非常に難しいもう1つの理由は、アラートは人間に送

られる場合が多い一方で、人間の注意力には限りがあることです。その注意力は、何かが起こったらメッセージを送ってくる監視システムではなく、自分で選んだ問題に対して使いたいところでしょう。アラートを受け取るたびに、監視システムによってあなたの注意力は少しずつ削られていくのです。

この章では、よりよいアラートを作るためのヒント、オンコールの辛さと苦しさ、そして最後にインシデント管理と障害の振り返りを取り上げます。

## 3.1 どうしたらアラートをよくできるか

役立つこともあり、そうでないこともあり、あるいは全く意味不明なこともあるたくさんのアラートが送られて来る時、アラートを改善するためにはどうすべきでしょうか。よいアラートとはどんなものでしょうか。

その質問に答える前に、定義をはっきりさせておきましょう。アラートについて話す時、コンテキストによって2つの意味を使い分けている人が多いことに気づきました。

**誰かを叩き起こすためのアラート**

緊急の対応が求められ、でなければシステムがダウンしてしまう（ダウンしたままになってしまう）ものです。電話、テキストメッセージ、アラームなどの方法で送られます。例えば、全Webサーバがダウンした、メインサイトへの疎通が取れないなどのケースです。

**参考情報（FYI）としてのアラート**

すぐに対応する必要はありませんが、アラートが来たことは誰かが確認すべきものです。例えば、夜間バックアップジョブが失敗したというケースです。

後者が前者と関連している場合もあります。例えば、自動復旧機能があるシステムで、自動復旧が起こった際にはログファイルにメッセージが残るとしましょう。自動復旧が失敗した場合、すぐに対応するようオンコール担当にメッセージを送ることになるはずです。

私たちの定義では、後者のアラートは事実上アラートではなく、単なるメッセージです。ここでは前者について主に取り上げます。アラートは、アラートを受け取った人に緊急性があり、すぐに対応する必要があることを認識させるためのものです。それ以外の情報は基本的にはログ、社内のチャットルームのメッセージ、チケットの自動生成などの形式になるはずです。

そう考えた上で、よいアラートとはどんなものなのかという、最初の質問に戻りましょう。よいアラートの仕組みを作る、私の考える6つの方法を挙げます。

- アラートにメールを使うのをやめよう。
- 手順書を書こう。
- 固定の閾値を決めることだけが方法ではない。
- アラートを削除し、チューニングしよう。
- メンテナンス期間を使おう。
- まずは自動復旧を試そう。

これらの方法がアラート戦略にどのように影響するのか、改善のためにこれらをどのように使うのかを見ていきましょう。

### 3.1.1 アラートにメールを使うのをやめよう

メールは、誰かを叩き起こすためのものではないし、そのために使おうと思うべきでもありません。メールでアラートを送るのは、受け取る人がうるさくて最もうんざりしてしまう方法で、アラート疲れの原因になります。

では代わりに何をすべきでしょうか。それぞれのアラートの使い道を考えてみましょう。私の考えでは、アラートの使い道は以下の3つに集約されます。

**すぐに応答かアクションが必要なアラート**

これらはSMS、PagerDutyなどのページャに送りましょう。これらは私たちの定義でいう本来のアラートです。

**注意が必要だがすぐにアクションは必要ないアラート**

これらは社内のチャットルームに送るのが私の好みです。後日レビューするため、この種のアラートを受信して保存しておく小さなWebアプリケーションを作って成功したチームもありました。これらをメールで送るのも**あり**ですが、受信箱をいっぱいにしがちなので注意して下さい。他の方法があるならそちらの方がよいでしょう。

**履歴や診断のために保存しておくアラート**

これらの情報はログファイルに送りましょう。

> **アラートのログをとる**
>
> アラートのログを保持しておいて、後でレポートを送れるようにしておくのは重要です。アラートのレポートを送ると、アプリケーションやサービスのどの部分でトラブルが多く、どこに改善の焦点を合わせればよいのかが分かります。また、SLAをレポートするのにも役立つはずです。

### 3.1.2 手順書を書こう

手順書（runbook）は、アラートが来た時にすばやく自分の進むべき方向を示す素晴らしい方法です。環境が複雑になって来ると、チームの誰もが各システムのことを知っているわけではなくなり、手順書が知識を広めるよい方法になります。

よい手順書とは、特定のサービスについて以下のような質問に答えるように書かれたものです。

- これは何のサービスで、何をするものか。
- 誰が責任者か。
- どんな依存性を持っているか。
- インフラの構成はどのようなものか。
- どんなメトリクスやログを送っていて、それらはどういう意味なのか。
- どんなアラートが設定されていて、その理由は何なのか。

各アラートには、対象サービスの手順書へのリンクを入れましょう。誰かがアラートに応答した時、手順書を開くことで、何が起こっているか、アラートがどんな意味か、また修復の手順などを理解できるでしょう。

よいことがたくさんある一方で、手順書は使い方を間違う恐れもあります。アラートに対応する修復手順がコピーアンドペーストできるくらいにシンプルなコマンドなら、手順書のあり方がおかしくなっている兆候です。そんな時は、問題を修復して解決するまでを自動化して、アラートを完全に削除すべきです。手順書は、何らかの問題を解決するのに、人間の判断と診断が必要な時のためのものです。

付録Aに、手順書の例があります。

### 3.1.3　固定の閾値を決めることだけが方法ではない

Nagiosのおかげで、アラートの基準に固定の閾値を決めることに私たちは慣れてしまいましたが、これは間違いです。警告（warning）や致命的（critical）といった状態がどんな状況でも当てはまるわけではありません（そんな状況の方が少ないと言いたいくらいです）。むしろ、「この値がXを超えた」といったアラートに意味がない状況はたくさんあります。典型的な例としてはディスク使用量があります。「空き容量が10%以下」という固定された閾値を決めてしまうと、ディスク使用量が11%から80%まで急激に増えるというケースを見逃してしまうでしょう。ご存知のとおり、本当に知らせて欲しいのはこういった場合なのですが、固定された閾値を使うとこのようなケースではアラートは送られてきません。

これを解決するためにはいくつも方法があります。例えば、「一晩でディスク使用量が50%増加」といった内容を知らせてくれるよう、変化量あるいはグラフの傾きを使うことで、ディスク使用量のアラートの問題をうまく扱えます。

メトリクスを扱うのにもう少し多機能なインフラ（Graphiteなど）を使うと、問題に対して移動平均（moving average）、信頼区間（confidence band）、標準偏差（standard deviation）といったある程度の統計情報を適用できます。統計の初歩と、それをどのように監視に応用できるかについては、4章で取り上げます。

### 3.1.4　アラートを削除し、チューニングしよう

うるさすぎるアラートにはイライラします。うるさいアラートによって、人々は監視システムを信用しなくなり、さらにはすっかり無視してしまうようになります。アラートを見て「このアラートは前にも見たな。数分したら勝手に消えるはずだから、

何もする必要ないんじゃないかな」と思ったことは何度あるでしょうか。

敏感な監視と鈍感な監視の中間は、不安定な領域です。多くのアラートはその領域で発生し、使えるものも使えないものもあります。しかし、それによって監視の仕組みを信頼しない理由にはなりません。時間が経つと、これは**アラート疲れ**を引き起こします。

アラートに鈍感になってしまうほどたくさんのアラートを受け取ると、アラート疲れを発症します。アラートは、ある程度のアドレナリンの分泌を促すはずです。考えてみて下さい。「あっ、くそっ、問題発生だ」といったことが週に10回、1か月間続いたら、長期間のアラート疲れを起こして、メンバーは燃え尽きてしまうでしょう。メンバーのレスポンス時間は遅くなり、アラートは無視されがちになり、睡眠時間に影響が出ます。そんな例を聞いたことがあるかもしれません。

アラート疲れへの対策は、一見シンプルです。アラートを減らせばよいのです。しかし実際にはこれは簡単ではありません。アラートの量を減らすには、いくつかの方法があります。

1. 初心に戻りましょう。すべてのアラートは誰かがアクションする必要がある状態でしょうか。
2. 1か月間のアラートの履歴を見てみましょう。どんなアラートがあるでしょうか。どんなアクションを取ったでしょうか。各アラートの影響はどうだったでしょうか。削除してしまえるアラートはないでしょうか。閾値を変更できるでしょうか。監視の内容をより正確にするようにデザインし直せないでしょうか。
3. アラートを完全に削除するために、どんな自動化の仕組みが作れるでしょうか。

少しの取り組みで、アラートのノイズを大きく減らせることに気づくはずです。

### 3.1.5 メンテナンス期間を使おう

何らかのサービスで作業をする必要があり、そのサービスにはアラート（例えばダウンしたら送られるアラート）が設定されているなら、アラートをメンテナンス期間に入れましょう。この機能は、ほとんどの監視ツールでサポートされています。アラートが設定されている何かに対して作業する予定で、しかもその作業がアラートを送ることが事前に分かっているなら、アラートを送る理由はありません。その状況でアラートを送るのは単なる気をそらす邪魔者で、あなたが作業していることを知らないチームメイトがそのアラートを受け取るならなおさらです。

アラートの止めすぎに注意しましょう。作業をしていたら、知らなかった依存性があり、他のサービスで問題が起きてしまったことが何回あったか分かりません。そんな状況は、自分で管理するインフラの知らなかったことを教えてくれたり、実施中のメンテナンス作業が脇道に外れてしまっていることを知れたりするという点で、よい面もあります。広範囲にアラートを止めてしまうと、止める利点よりも大きな問題が発生する可能性があります。

### 3.1.6　まずは自動復旧を試そう

アラートに対する代表的なアクションが、既知でかつ用意されたドキュメントの手順に沿って対応するだけなら、コンピュータにその手順をやらせない理由はありません。自動復旧（auto-healing）はアラート疲れを避ける素晴らしい方法です。システムが巨大なら、それは必須と言っても過言ではありません（人を増やすのはお金がかかりますからね）。

**組込機器の自動復旧**

私は以前、本来であればコンピュータを置くような場所ではない、屋根や森の中や砂利道の脇などに置く、小さな組込コンピュータを使っていたことがありました。それは、SNMP と SSH アクセス可能な簡易 CLI という外部アクセス可能なインタフェイスを持った、センサデバイスとでも言うものでした。そういった簡単な仕組み上、システムは動いているにもかかわらず、SNMP エンジンだけレスポンスを返さなくなることがありました。そんな時は、SSH でデバイスにログインして再起動すると（次にまた死ぬまでは）修復できました。これは週 2、3 回の頻度で発生していました。私たちは、（SNMP 経由で得られるデータがそのデバイスの存在意義だったので）いつデバイスが SNMP クエリに反応しなくなったのかをすぐ知りたかったのですが、その度に叩き起こされるのにもうんざりしてきました。

センサデバイスを復旧するのはシンプルで簡単だったので、私はもちろんこの問題の解決策を考えつきました。

私は自動復旧のシンプルな方法を思いつきました。まず、いつSNMPが死んだかを検知する仕組み（デバイスがICMP経由でアクセス可能かチェックしつつ、OIDを指定してデータを取得してタイムアウトを監視）を作りました。ネットワーク上に存在しているのにSNMPだけが死んだら、スクリプトがセンサデバイスにログインし、再起動します。これは完璧に動きました。センサは数秒でオンラインに戻り、すべて正常に動き始めました。何が重要かと言えば、自動的に修復できるような障害で叩き起こされる人がいなくなったことでした。

自動復旧の実装方法はいくつもありますが、最も一般的で分かりやすいのは、標準化された復旧手順をコードとして実装して、人間に通知する代わりに監視システムにそれを実行させることです。自動復旧によって問題が解決**できないなら**、アラートを送ればよいのです。

## 3.2 オンコール

ああ、古き良きオンコール。この本の読者の多くは、公式非公式を問わず、キャリアのどこかのタイミングでオンコール担当になったことがあるでしょう。担当になったことがない人に向けて説明すると、オンコールとは、何か問題が起きたという呼び出しに答えられるようにしている担当のことです。呼び出しを受けるのがいつもあなたなら、あなたはいつもオンコールだということです（これはよくないことです。後で取り上げます）。

オンコールの経験がある人は、オンコールが最悪の時間になることも知っているでしょう[†1]。誤報、分かりにくいアラート、場当たり的な対応に悩まされます。数ヶ月後には、怒りっぽくなる、睡眠不足、心配性などといった、燃え尽きの症状が出始めます。

しかしそんな風になる必要はありません。どうしたらそうならないかを教えましょ

†1 オンコールが最悪であるというのは、常に真実とは**限りません**。素晴らしく効率的なオンコールを実現している会社もたくさんあります。そこに至るまでにやるべきことはたくさんあります。

う。夜中にコンピュータがおかしな動作をしないようにはできませんが、そのせいで必要ないのに叩き起こされることがないようにはできます。そのために何ができるかについてお話ししましょう。

### 3.2.1 誤報を修正する

多くの人にとって、監視の話になると誤報（false alerm）はありふれた日常的なことです。100% 正確なアラートを実現するのは、非常に難しく、まだ解決されていない問題です。アラートをチューニングするのはいつでも簡単というわけにはいきませんが、誤報をかなりの量まで減らすことができるはずです。たとえ 100% の正確性は絶対に実現できないとしても、それに向けて努力はすべきです。

アラートをチューニングする簡単な方法が 1 つあります。まず、オンコール担当は役割の 1 つとして、前日に送られたすべてのアラートの一覧を作ります。その一覧にひととおり目を通しながら、各アラートはどのように改善できるか、あるいはアラートを削除してしまえないかどうか、自問自答して下さい。オンコール担当になった日に毎回これをやれば、オンコールを始めた時よりずっと正常な状態になっているはずです。

### 3.2.2 無用の場当たり的対応を減らす

アラートに問題はなく、送られたアラートが正しい場合もあるでしょう。1 日に大量のアラートが送られ、その全部が正しいという場合はどうでしょう。度を超えて場当たり的対応をせざるを得なくなります。これについては 1 章で取り上げました。

監視について適切な見解を述べたある同僚の言葉は、「このクソを直しちまえよ」でした。

監視自体は何も**修復**してはくれません。何かが壊れたら、**あなた**がそれを直す必要があります。場当たり的対応をやめるには、その基礎にあるシステムを改善するのに時間を使わなくてはなりません。システムに回復力があれば、その分だけ大きな問題は少なくなりますが、基礎にあるシステムに手間をかけなければその状態にはたどり着けません。

この習慣を身に付けるには、以下の 2 つの効果的な戦略が有効です。

1. オンコールシフト中、場当たり的対応をしていない時間は、システムの回復力や安定性に対して取り組むのをオンコール担当の役割にする。

2. 前週のオンコールの際に収集した情報を元に、次の週のスプリント計画やチーム会議の際にシステムの回復性や安定性について取り上げる計画を立てる。

私はどちらの方法もうまくいくのを見てきたので、両方を試して、どちらがあなたチームでうまくいくかを確認するのをおすすめします。

### 3.2.3 上手にオンコールローテーションを組む

非公式なオンコール、つまり正式にオンコールの割り当てをされるのではなく、単にいつでもオンコールになってしまっているという状態を経験したことがあるかもしれません。常にオンコール担当でいるのは（もうご存知でしょうが）人を燃え尽きさせる最高の方法です。だからこそ、オンコールをローテーションするのは素晴らしい考え方であると言えます。オンコールのローテーションは、オンコール担当を管理する実証済みの方法です。

ローテーションのシンプルな仕組みは次のとおりです。サラ、ケリー、ジャック、リッチの4人がチームにいるとしましょう。各人が1週間ずつ、水曜午前10時に始まり1週間後に終わるという4週単位のローテーションを組みます。これで、全員が1週間ずつ決まった順番でオンコールを担当し、3週間は担当を外れ、そしてまた繰り返すというローテーションになります。

このスケジュールはかなりうまくいくので、まだローテーションスケジュールがないならこの仕組みで始めるのがよいでしょう。

カレンダーの週に合わせるのではなく、出勤日にオンコールのローテーションを始める点が重要です。これによって、チーム内でオンコールの引き継ぎができるようになります。オンコールを終える人が、オンコールを始める人と、注意を要する進行中の出来事やその週に気づいたパターンなどについて議論できるのです。月曜の午前9時に引き継ぎをするチームと、水曜の午後に引き継ぎをするチームで働いたことがありますが、チームに合わせて好きな日や時間にやるのがよいでしょう。どうしてよいかわからないなら、水曜午前10時をおすすめします。

## Follow-the-Sun（太陽を追いかける）ローテーション

会社が十分に大きくなったら、Follow-the-Sun（FTS）ローテーションを利用できるかもしれません。全員を1つのオフィスに配置して1つのローテーションを組む代わりに、タイムゾーンごとにローテーションを分割するのです。例えば、ロンドンにいるエンジニアがその勤務時間にオンコールを担当し、終業時間になったらロサンゼルスにいるエンジニアに引き継ぎします。ヨーロッパ、アメリカ、アジア太平洋の各地域（例えばロンドンとロサンゼルスとシドニー）に分散するとさらによいでしょう。FTSローテーションによって、誰も夜中にオンコール担当することなく、完全なオンコールカバレッジが実現できるようになります。FTSローテーションの大きな欠点の1つは、コミュニケーションオーバーヘッドが非常に大きくなってしまうことです。オンコールの引き継ぎはずっと難しくなるので、信頼できるプロセスとコミュニケーションチャネルを確実に用意するようにしましょう。

オンコールのスケジュールに関してよく聞かれる質問の1つに、プライマリのオンコール担当に加えてバックアップのオンコール担当を置くべきかどうかがあります。それなりの大きさのチームでない限り、ほとんどの場合、私はバックアップのオンコール担当は必要ないとしています。プライマリとバックアップの2人をオンコール担当にすると、1人が1サイクルで2回担当になる必要があります。4人しかいないチームで1週間単位のローテーションを組むと、1月に全員が2週間オンコール担当ということになってしまうので、かなり辛いと言わざるを得ません。

たとえ出番がなくても、バックアップのオンコール担当はネットに繋がったコンピュータのそばにいて、酒を飲まずにいるなど、プライマリのオンコール担当の業務と同じ体制が求められます。これはフェアではありません（燃え尽きを早くしてしまうことにも繋がります）。

だからと言ってオンコール担当がひとりぼっちだということではありません。オンコール担当が知らないことや解決できないことに対しては、エスカレーションパスが必要なのは間違いありません。私が注意しているのは、公式にオンコール担当であるかどうかに関わらず全員がインシデント対応可能である状態なのを期待してしまうことです。

ここで、プライマリのオンコール担当がアラートに応答しなかった場合はどうするのか気になるでしょう。1度きりなら、応答できなくても許容すべきです。アラートに応答するのはオンコール担当の**仕事**であり、賞賛されることではなく責任を負うことです。オンコール担当がアラートに応答しないことが続くなら、それは何か違う問題があります。そうでなければ、心配する必要はありません。

もう1つ別に気になることもあります。効果的なオンコールローテーションを組むには、何人が必要でしょうか。これは、オンコールがどのくらい忙しいかと、オンコールシフトの間隔としてどの程度の時間をあけたいかという、2つの要素に依存します。

週に2、3回しかインシデントの発生しないオンコールシフトなら簡単であると言えるので、これを目指すべきです。いつもたくさんのアラートを処理しているほど、シフトの間隔は長くすべきです。シフトの間隔をどのくらいにすべきかについては、(上の例であげたような)通常のシフトには、メンバーごとにシフトの間は3週間あけるのをおすすめします。つまり、4人のチームが必要ということです。バックアップのローテーションも組みたいなら、8人が必要です。

ソフトウェアエンジニアもオンコールのローテーションに入れることを強くおすすめします。この背景には、ソフトウェアエンジニアリングにおける「丸投げ」を避けるという意図があります。オンコールの最中に発生する問題にソフトウェアエンジニアが気づき、かつ自身がローテーションに組み込まれていれば、よりよいソフトウェアを作ろうというインセンティブが生まれます。もう少し繊細な問題として、共感の気持ちが生まれるという点もあります。ソフトウェアエンジニアと運用エンジニアを一緒にすることで、お互いの共感が強まります。本当に理解し気が合う人を困らせるようなことはしにくいものです。

最後に、PagerDuty、VictorOps、OpsGenieといったツールを使って、オンコールの仕組みを補強しましょう。こういったツールは、エスカレーションパスやスケジュールの構築や運用をやりやすくし、後にレビューするためにインシデントを自動的に記録してくれます。この本では特定のツールをおすすめすることは避けますが、この手のツールはオンコールの手助けになるという点から、ツールの使用自体は強くおすすめします。

> **オンコールに対する補償**
>
> オンコール担当に対する補償に近い以下の2つについても考えます。
>
> 1. オンコールシフトの直後に、有給休暇を1日取らせます。オンコール担当は神経を使う仕事であり、回復のための日は確保する価値があります。
> 2. オンコールシフトごとに手当を払います。オンコールシフトのたびに手当を支払うのは、医療業界では普通のことです。金額は、看護師に対する1時間2ドル（https://allnurses.com/general-nursing-discussion/how-much-do-557481.html）から、神経外科医に対する1日2,000ドルまでさまざまです。
>
> オンコールは、睡眠の質や家族との時間など、生活の多く部分に対してよくない影響があります。この業界の悪しき部分に対して補償金を出すのは、公平なことだと言えるでしょう。

このように、やり方にある程度手を加えることで、関連する全員のオンコールの経験を劇的に改善できるはずです。

## 3.3 インシデント管理

インシデント管理とは、発生した問題を扱う正式な手順のことです。テクノロジ業界向けにいくつかのフレームワークが存在しており、そのうち最も広く使われている1つがITIL（http://www.bmc.com/guides/itil-incident-management.html）から来たものです。

> 予定していないITサービスの中断、または、ITサービス品質の低下。
>
> ――ITIL 2011

ITILのインシデント管理のプロセスは、以下のようなものです。

1. インシデントの認識
2. インシデントのロギング
3. インシデントの分類
4. インシデントの優先順位付け
5. 初期診断
6. 必要に応じたレベル2サポート[†2]へのエスカレーション
7. インシデントの解決
8. インシデントのクローズ
9. インシデント発生中におけるユーザコミュニティとのコミュニケーション

形式張った表現ではありますが、インシデントの認識と対応に関する正式で一貫した方法があることで、チームには一定の厳格さと規律が生まれます。ほとんどのチームにとっては、このような正式な方法はやりすぎでしょう。しかし、このITILのプロセスを採用しつつも、やりすぎにならないようシンプルにできたらどうでしょうか。

1. インシデントの認識（監視が問題を認識）
2. インシデントの記録（インシデントに対して監視の仕組みが自動でチケットを作成）
3. インシデントの診断、分類、解決、クローズ（オンコール担当がトラブルシュートし、問題を修正し、チケットにコメントや情報を添えて解決済みとする）
4. 必要に応じて問題発生中にコミュニケーションを取る
5. インシデント解決後、回復力を高めるための改善策を考える

どうです。これなら悪くないでしょう。実際のところ皆さんはこれに非常に似たことをすでにやっているはずで、だとしたら素晴らしいことです。インシデントを扱う正式な手順である社内標準として、インシデント対応を決めることには十分な価値が

†2 訳注：ユーザと直接やり取りをしたり、障害対応を実際に行う人（レベル1サポート）に対して、より専門的な調査などを行ったり、より権限を持って広範囲に影響を及ぼせる人のことをレベル2サポートと呼びます。場合によってはレベル3あるいはそれ以上の階層に分かれていることもあります。Tier 1、Tier 2……と呼ぶ場合もあります。

あります。インシデントのログが残され、一貫性を持って追跡調査されること。ユーザ、経営者、顧客が透明性を持って情報を受け取り、何が起こっているか知れること。チームがアプリケーションとインフラにどんなパターンで問題があるか、どこで問題が起きやすいかを知れることなどがその理由です。

すぐに解決できるようなほとんどのインシデントでは、このプロセスはうまく動きます。数分以上かかる本当のサービス停止を伴うインシデントについてはどうでしょうか。その場合、明確に定義された役割が重要になります。それぞれの役割は1つの機能が割り当てられ、2つ以上の兼務は避けるべきです。

**現場指揮官（IC、incident commander）**

この人の仕事は、決断することです。特に、この役割の人は改善、顧客や社内とのコミュニケーション、調査にはかかわりません。サービス停止に関する調査を監督する役割であり、それだけです。インシデントの初期段階では、オンコール担当がICの役割を担うことがあります。この場合、ICの役割は他の人に引き継がれることもあり、オンコール担当が他の役割に適している時はなおさらです。

**スクライブ（scribe）**

スクライブ、すなわち書記の仕事は、起こったことを記録しておくことです。誰が何をいつ行ったのか。どんな決断がされたのか。どんなフォローアップすべき事項が見つかったのか。この役割の人も、調査や改善は行いません。

**コミュニケーション調整役（communication liaison）**

この役割の人は、社内外問わず利害関係者に最新状況のコミュニケーションをとります。ある意味で、インシデント対応する人や何が起きているのか知りたい人たちにとって、この人が唯一のコミュニケーションポイントです。利害関係者（経営者など）が、インシデントの解決に取り組んでいる人たちに最新情報を直接聞いてしまってインシデント解決を邪魔することがないようにするのも、仕事の1つです。

**SME（subject matter expert）**

実際にインシデント対応する人です。

インシデント管理の役割についてよく見るアンチパターンの1つに、チームや会社での通常の上下関係に、インシデント対応の際も従ってしまうということがあります。例えば、チームのマネージャが常にICになってしまうといったことです。インシデント管理の各役割は、通常時のチームでの役割と一緒である必要はありません。むしろ私としては、チームのマネージャはICよりもコミュニケーション調整役にし、エンジニアをICにすることをおすすめします。このやり方だと、マネージャは割り込みからチームを守り、リスクとトレードオフを評価するのに最適な人、つまりエンジニアが決断する役割になるので、うまくいく可能性が高くなります。

ここまでインシデント管理の簡単な概要でしたが、これについてもっと詳しく学びたいなら、PagerDutyのインシデント対応についてのドキュメント（https://response.pagerduty.com/）を読むのをおすすめします。

## 3.4 振り返り

前に挙げた簡易版のインシデント対応プロセスの中の5番目に特に注意して下さい。インシデントが発生した後は、インシデントに関する議論（何が起きたのか、なぜ起きたのか、どうやって修正したのか等）の場を常に設けるべきです。重大なサービス停止などのインシデントに対しては、きちんとした振り返り（postmortem）が重要です。

このような振り返りに参加したり、主導する立場になることがあるはずです。原則的に、利害関係のあるすべての組織から人を集め、何が問題で、なぜ発生して、再発防止のためにチームでどう対応していくのかを議論しましょう。

振り返りにはよくない習慣があることに私は気づきました。それは誰かを非難するという文化です。もしミスした人が罰せられたり、問題を覆い隠さざるを得ないような雰囲気のチームにいるなら、それは非難する文化があると言えるでしょう。

ミスに対する罰や恥を恐れている人は、それを隠したり軽視したりするはずです。インシデント発生後の対応が誰かを非難するものになるなら、内部に潜む本当の問題を改善することは絶対にできません。

## 3.5 まとめ

この章では、アラート、オンコール、インシデント管理に関するさまざまな情報を扱ってきました。

- アラートは難しいけれど、いくつかのヒントを活用することで正しい方向に進めます。
    - アラートをメールで送らないようにしよう。
    - 手順書を書こう。
    - すべてのアラートがシンプルな閾値で決められるわけではない。
    - 常にアラートを見直そう。
    - メンテナンス期間を使おう。
    - 誰かにアラートを送る前に自動復旧を試そう。
- いくつかの方法を使えばオンコールの仕組みを改善するのは難しくありません。
- 自社にあったシンプルで使い道のあるインシデント管理プロセスを作るのを優先しよう。

これでアラートとオンコールをやっつけました。それでは次は、好きではない授業の第1位、統計の話に移りましょう。

# 4章 統計入門

統計はソフトウェアエンジニアリングやシステム管理の世界では、軽視されがちなトピックです。また、誤解の対象でもあります。私が話をしてきた多くの人たちは、「ちょっと統計をいじる」だけで魔法のように何かが出てくるという誤解の元に運用しています。残念ながらそんなことはありません。

しかし、統計の基本は分かりやすく、監視の仕事に非常に役立つのは間違いありません。

## 4.1 システム運用における統計を学ぶ前に

統計の勉強を始める前に、少し背景を理解しておくとよいでしょう。

Nagiosが広く普及し、その大きな影響が、監視の仕組みの改善を長い間邪魔してきたのではないかと私は考えています。Nagiosでアラートを設定するのはとても簡単ですが、役に立たないことも多いです†1。

Nagiosで何らかのメトリクスに対するアラートを送る時には、WarningあるいはCriticalとして設定した値と、現在のメトリクスの値が比較されます。例えば、15分のロードアベレージとして5という値が返されたとしましょう。チェックスクリプトは、この値をWarningの設定値（例えば4）とCriticalの設定値（例えば10）と順に比較します。この場合、NagiosはWarningの設定値を超えたとして、期待どおりアラートを送ります。しかし、これはいつでも有用だとは限りません。

システムは予想しない（けれども問題があるとは言えない）動きをすることがあります。閾値を1回だけ超えた場合はどうでしょうか。60秒後の次のチェックの時、

†1　Nagiosを非難しているわけではありません。Nagiosが広く普及しているために、多くの監視ツールがNagiosを基準にしているというだけです。それ以外にも問題のあるツールはたくさんあります。

ロードアベレージが3.9だったらどうでしょうか。さらにその後が4.1だったらどうでしょうか。お分かりのとおり、このような場合、アラートはうるさくなるでしょう。

Nagiosやその類似ツールには、この手の問題に対応するためにノイズを減らす**フラッピングの検出**（flapping detection）と呼ばれる仕組みが備えられています。この機能は、一定時間内に問題がある状態とない状態を行ったり来たりすることを監視ツールが検知して、チェックを止めるものです。私の意見では、フラッピングの検出のような機能は、よくないアラートを隠すだけのものです。ではどうしたらよいのでしょうか。

## 4.2 計算が救いの手を差し伸べる

モダンな監視スタックの重要な原則の1つが、監視サービスが送ったメトリクスを捨てないことです。その昔、Nagiosはチェックから得られた値を保存していなかったので、先週であろうと5分前であろうとトレンドがどうだったのかは分かりませんでした。幸いなことに、今ではNagiosを使っている場合ですら、これらのデータを時系列データベースに保存することが普通になりました（Graphios［https://github.com/shawn-sterling/graphios］やpnp4nagios［https://docs.pnp4nagios.org/］を参照）。見逃されがちなのが、データを保存しておくことで、統計を使った問題の発見に役立てられる可能性が広がることです。

主要な時系列データベースは、基本的な統計処理をサポートしています。設定や使い方は各データベースで違うので、この章では特定のツールを扱うのではなく、統計自体に紙面を割こうと思います。

Nagiosモデルのチェックに慣れているなら、その考え方を少しだけ変える必要があります。（Nagiosの標準的動作である）監視システムにデータを収集させ、それと同時に決められた閾値に対して値をチェックさせる代わりに、それらの仕組みを2つの機能として分けて考えてみましょう。

データを収集し、そのデータを時系列データに定期的に書き込む仕組みが必要です（この目的なら私はcollectd［https://collectd.org/］のファンです）。ホストに対して直接ではなく、時系列データベースに保存された値に対して、ロードアベレージのチェックを行うようNagiosなどを動作させることもできます。その場合は通常と違うスクリプトを使う必要があり、選択したTSDBに合わせて作られた物を使用します（Nagios + Graphite［https://github.com/pyr/check-graphite］やSensu +

Graphite［https://github.com/sensu-plugins/sensu-plugins-graphite］があります）。

この方法だと、最後に得られた値以外にもチェックを走らせられるという利点があります。複数の値にチェックをかけることもできます。これにより、基本的な算術関数あるいは統計関数を実行でき、より正確に問題を検知できるようになります。このようにして得られるデータがこの章におけるすべての基本になっています。過去に対する多くの情報を得ずに、未来を洞察したり推測することはできません。

## 4.3　統計は魔法ではない

「ちょっと統計をいじる」だけで、何か大きな洞察ができるという考え方が広まっているようです。残念ながらそんなことはありません。間違った答えにたどり着かないようにしながら、データに対してどんなアプローチが最適なのかを見つけるには、統計の分野で多くの作業が必要です。

この本では、あなたが使うかもしれない統計的手法のすべてを扱うつもりはありません。これまで長年にわたって、そのトピックについてはたくさんの本が書かれてきました。ここではその代わり、ある程度の基本を教え、誤解を解き、次に何を学べばよいのか分かるようにするつもりです。それでは進みましょう。

## 4.4　mean と average

mean（一般的には average、専門的には**算術平均**［arithmetic mean］[†2]）は、集合内の個別の値を確認することなく、その集合がどのようなものかを表すのに便利な値です。mean を計算するのは簡単です。集合内の値をすべて足し、その数を集合の要素数で割ります。

時系列データにおける平均のよくある使い方の１つは、**移動平均**（moving average）と呼ばれるものです。集合のすべてを使って平均を算出する代わりに、最近取得したデータポイント群で平均を計算します。このプロセスの副産物として、スパイクの多いグラフを**平滑化**する効果があります。このプロセスは、時系列データベースにおいてデータを間引きしたり、時系列グラフツールでメトリクスの巨大な集合を表示する時に使われます[†3]。

過去１時間に対して１分単位のデータを保存する場合、１時間分だと 60 のデータ

†2　訳注：日本語では mean と average のどちらも平均と言います。

†3　グラフ表示のためにディスクから数千のデータポイントをロードするのには非常に時間がかかります。4 週間前のデータを表示する時には、おそらくそこまでデータの粒度にこだわらないでしょう。

ポイントがあることになります。例として、図4-1のようなギザギザして何が起きているのか分かりにくいグラフがあるとします。

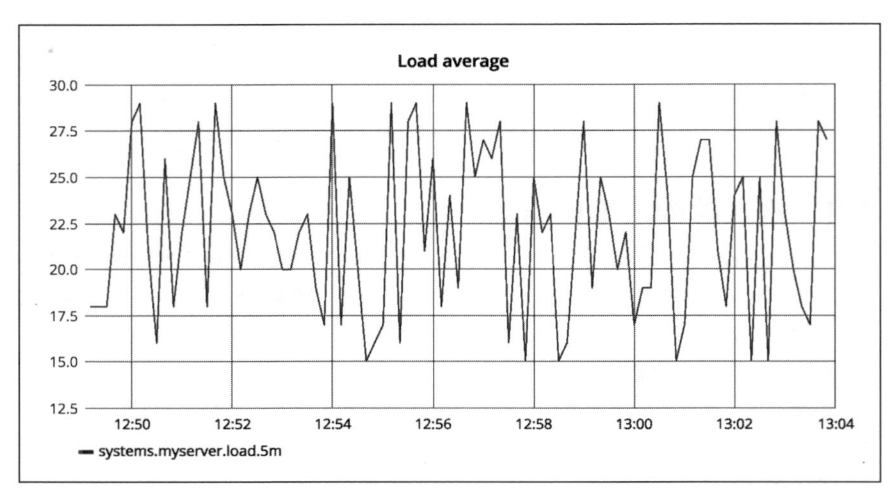


図4-1 ロードアベレージ

5分間の移動平均を適用すると、グラフはかなり違った見え方になります。図4-2がそのグラフで、これを**平滑化**したグラフといいます。

つまり、値を平均化するプロセスを通じて、グラフの山と谷がなくなったわけです。これには利点も欠点もあります。データセットの極端な値が隠されることで、識別しやすいパターンを持ったデータセットを作ることができます。しかし、重要かもしれないデータポイントも失ってしまいます。平滑化を行うと、正確さを犠牲にした上で、見え方は向上します。つまり、バランスをとって適切な度合いの平滑化を行う必要があります。

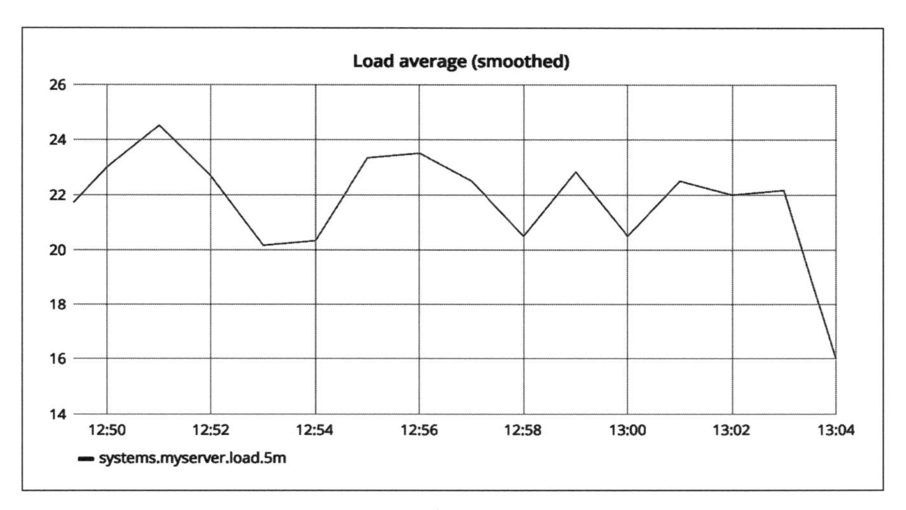


図4-2　平滑化したロードアベレージ

## 4.5 中央値

**中央値**（median）は、平均が対象を正確に表さない時に便利です。中央値とは本質的にはデータセットの「真ん中」のことです。中央値は、正確性のために人口全体の収入レベルを詳細に解析する時によく使われます。住民が10人いて、全員の年収が$30,000の時、平均収入は$30,000、中央値も同じく$30,000になります。もしこの10人のうちの1人が思いがけない大金を得て年収$500,000になったら、平均は$77,000になりますが、中央値は以前と同じ$30,000のままです。要するに、一方向に大きな偏りのあるデータセットを扱う時には、平均よりも中央値の方がデータセットの特性をよく表す場合があるということです。

中央値を計算するには、はじめにデータセットを昇順に並べ替えて、それから公式 (n + 1) / 2（nはデータセットのエントリ数†4）を使って真ん中の値を見つけます。データセットのエントリ数が奇数の場合、まさに真ん中の値が中央値です。データセットのエントリ数が偶数の場合は、真ん中の値2つが平均化され、元のデータセットに存在しない値が中央値になることがあります。

例として、0、1、1、2、3、5、8、13、21というデータセットがあるとしましょ

†4　TSDBはこのような計算を隠してくれますが、実際こういった計算が行われています。

う。中央値は3です。もし10番目の値を追加して、0、1、1、2、3、5、8、13、21、34というデータセットになった場合、中央値は4になります。

## 4.6 周期性

データの**周期性**（seasonality）とは、データポイントがパターンを繰り返すことを言います。例として、1か月間毎日通勤時間を記録したとしましょう。すると、パターンがあることに気づくはずです。毎日必ず同じ時間ではないでしょうが、同じようなパターンが続くはずです。このような知識によって、通常の通勤時間がどのくらいなのか、オフィスに時刻どおり着くにはいつ家を出るべきなのかが分かるので、未来の計画を立てたり予測したりするのに使うことになります。周期性がなかったら、日々の計画を立てるのは不可能になってしまいます。図4-3は、Webサーバへのリクエストの周期性の例です。

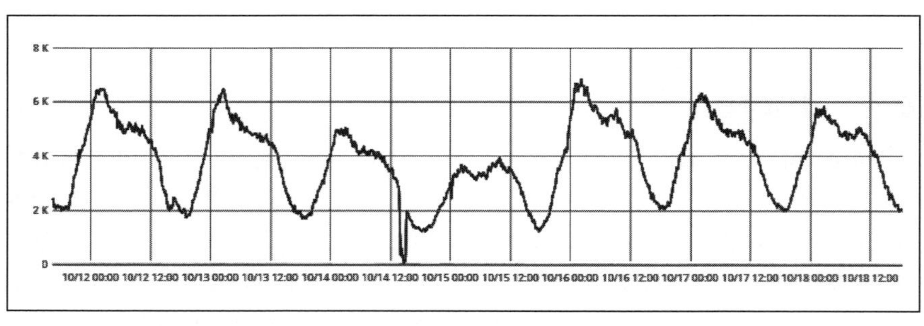


図4-3 7日分のWebサーバへのリクエストの周期性

このようなデータを元にして、Webサーバは平日におよそ秒間100リクエストを受け付けていることを知っていれば、その数が半分になったり2倍になったりしたら何かしら調査が必要なことが発生しているのが分かります。これを循環するデータに適用し、今のデータポイントと前の周期のデータポイントを比較できるツールも存在しています。例えば、現在の秒間リクエスト数を1週間あるいは1時間前と比較するといったことができます。周期性の高い負荷に対しては、将来どのようになるのかが推測できます。なお、どんな負荷も周期性があるとは限りません。実際、認識できる周期性が全くない場合もあります。

## 4.7 分位数

**分位数**（quantile）は、データセットのある点を表す統計的手法です。例えば、**第2四分位数**といえば、データの真ん中の点（つまり中央値）をいいます。最もよく使われる分位数は**パーセンタイル**で、これはパーセンテージ（0から100）でデータセット内の点を表現する方法です。

パーセンタイルは、帯域幅に対する課金やレイテンシのレポートによく使われ、計算方法はどちらも同じです。まずデータセットを昇順に並べ替え、下位100-nパーセントの値を取り除きます。残った内で最大の値がnパーセンタイルの値です[†5]。帯域幅での課金額は、95パーセンタイルを基準に決められることが多いです。この値を計算するには、下位5%の値を取り除きます。帯域幅での課金の際にこのような計算をするのは、トラフィックはバーストする場合があるのは分かっているので、95パーセンタイルに対して課金する方が公平だという考え方からです。同じように、レイテンシのレポートにパーセンタイルを使うことで、外れ値を無視して大部分のユーザに対するサービス品質がどうだったのかについての有益な情報を得られます。

**パーセンタイルは平均できない**

パーセンタイルの計算の性質上、ある程度のデータを捨ててしまうことになります。そのため、パーセンタイル値には含まれていないデータがあるので、平均することはできません。平均をとってもその結果は不正確になってしまいます。つまり、1日ごとの95パーセンタイルを計算して、それを元に7日間の平均を計算しても、1週間の95パーセンタイル値は得られません。この場合、1週間分の完全なデータセットを元に、1週間の95パーセンタイルを計算する必要があります。

パーセンタイルを使うと、値の多くがどうだったかという情報（レイテンシの例では、ユーザの大部分に対するサービス品質がどうだったか）が得られますが、ある程度のデータポイントを捨てていることを忘れないで下さい。レイテンシを判断するのにパーセンタイルを使う時には、レイテンシの最大値も計算し、ユーザに対する最悪のシナリオについても確認しましょう。

†5 これは雑な定義で、背景にある数学的な細かい部分にあえて触れていません。パーセンタイルのより完全な表現は、『Statistics For Engineers』（Heinrich Hartmann, ACM Vol 59, No 7, `https://cacm.acm.org/magazines/2016/7/204029-statistics-for-engineers/abstract`）に書かれています。

## 4.8 標準偏差

**標準偏差**（standard deviation）は、平均からどの程度離れているか、どの程度近いかを表現する方法です。これは一見とてもよいものに思えますが、罠があります。どんなデータセットに対しても標準偏差を計算できますが、**正規分布している**（normally distributed）データセットに対してしか、期待するような結果は出ないということです。正規分布でないデータセットに標準偏差を使っても、予期しない答えが出てしまいます。

> **分布？　正規？　非正規？**
>
> **分布**とは、データセットのモデルを表現する統計用語です。正規分布は、きれいなグラフのようにみえます。非正規分布には**ばらつき**（skew）がある、つまり複数の頂点があったり、前に伸びたり後ろに伸びた線形になります。

標準偏差に関する便利なヒントの1つに、一定の偏差内のデータ量が予測できる点があります。図4-4のように、68%のデータは平均に対する1つの標準偏差内、95%のデータは2つの標準偏差内、97%のデータは3つの標準偏差内にそれぞれ存在します。これは、正規分布しているデータセットでのみ正しいことを忘れないようにして下さい。

ここで標準偏差を取り上げたのは、よくない理由があるからです。みなさんがこの先、扱うであろうデータのほとんどは、標準偏差が適用できるモデルに当てはまりません。計算の結果が期待どおりにならないのがなぜか悩むのに時間をかけるより、標準偏差を使うのを諦める方が幸せになれるかもしれません。

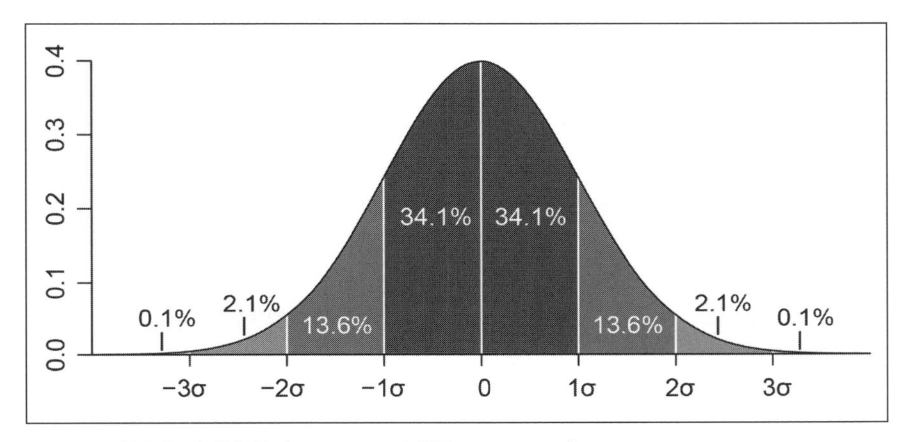


図4-4　正規分布と標準偏差（Wikipediaから引用、CC BY 2.5）

## 4.9 まとめ

この章では、統計の世界のほんの表面をなぞったに過ぎませんが、運用とエンジニアリングに対して最も一般的でインパクトの大きいアプローチに焦点を当てて説明したつもりです。まとめると以下のようになります。

- 平均は、多くの種類のデータセットに広く適用できることから、最も広く使われ便利な関数です。中央値もデータセットによってはかなり便利です。
- 周期性は、時系列のデータのパターンについて表現するうまい方法です。トラフィックのログを見れば、周期性を見つけられるはずです。
- パーセンタイルはデータの大部分がどうなっているかを理解するのに便利です。ただし、本来この方法は極端なデータを無視するものであることに注意して下さい。
- 標準偏差は便利なツールですが、この先、扱うであろうデータには適用できないことが多いでしょう。

データについて考える時に考慮すべきいくつかの質問を挙げておきます。

- どちらか一方に大きな偏りがあるデータだろうか？ つまり、データポイントの集まりはグラフのどちらかの端にあるだろうか？
- 極端な外れ値はよく発生するだろうか？
- データポイントには上限あるいは下限があるだろうか？ 例えば、レイテンシの計測値は理論上正の方向には無限に値を取り得る。しかし、CPU使用率のパーセンテージは上限も下限もある（0%と100%）。

データに関してこれらの質問をすることで、どんな統計的手法がうまく適用でき、どれが適用できないか理解するきっかけになります。

これでこの本の第Ⅰ部の終わりにたどり着きました。第Ⅱ部では、「何を監視すべきか、どのように監視すべきか」の核心に入っていきます。

# 第Ⅱ部
# 監視戦略

第Ⅱ部では、何をどのように監視すべきかの戦略について取り上げます。第Ⅱ部を読み進めるにあたっては、第Ⅰ部で学んだ基本的な原則を忘れないようにして下さい。

# 5章 ビジネスを監視する

2章を思い出して下さい。そこで、ユーザの視点から監視するという重要な監視のデザインパターンを学びました。多くの人が最初に考えてしまいがちなインフラの深い部分ではなく、外側から監視の仕組みを考え始めるのはよいことです。それは実際に受けることの多い質問（「サービスは動いてる？」「ユーザへの影響はある？」）の答えをすぐに思いついたり、徐々に深掘りしていく準備ができるからです。

事業責任者から受ける質問は、ソフトウェアエンジニアやインフラエンジニアから受ける質問とは違うこともよくあります。また、そういった分野はエンジニアがスキルを身につけ、理解すべきところでもあります。経営層がするような質問ができるようになれば、非常に重要で大きくレバレッジが効いた、ビジネスに直結する問題に取り組めるようになります。

この章では、これらの質問を精査し、基本的なビジネスKPIを調べながらエンジニアとしての専門知識を使ってこれらの質問に答える方法を学んでいきます。この章の最後には、経営層の関心事に深い認識を持ち、彼らが楽に仕事できるようにすることで、監視がビジネスに提供する価値を明示できるようになるはずです。

## 5.1 ビジネスKPI

KPI（key performance indicator）は、全体としてビジネスがよい状態であるために会社が重要だと認識している計画を、どのように実行しているかを測るためのメトリクスです。アプリケーションやインフラに対するパフォーマンス指標のように、KPIはビジネスの調子がどうかを教えてくれます。パフォーマンスメトリクスのように、何を示しているのかあいまいなメトリクスもあり、それらを決断材料として使うにはある程度の判断が必要です。

経営者や創業者の視点からの関心は、以下のように簡単に分けることができます。

- 顧客はアプリケーションあるいはサービスを使えているか。
- 儲かっているか。
- 成長しているか、縮小しているか、停滞しているか。
- どのくらい利益が出ているか。収益性は改善しているか、悪化しているか、停滞しているか。
- 顧客は喜んでいるか。

これらの質問に答えられるメトリクスはたくさんありますが、どれも概算値であり、ある程度の判断が必要です。また、ビジネスとはいつも面倒なものです。簡単なら、誰でもうまくやっているはずです。

以下は、上記の質問に答えるために事業責任者がよく使うメトリクスです。

**月次経常収益（monthly recurring revenue）**
顧客からの月ごとの経常収益。SaaSやマネージドサービスのほとんどの会社で使われています。

**顧客あたりの収益（revenue per customer）**
顧客ごとの収益。通常は年ごとです。ほとんどの種類の会社で使用できます。

**課金顧客の数（number of paying customers）**
読んで字のとおりです。この値は大きくなっていって欲しいはずです。

**ネットプロモータスコア（net promoter score、NPS）**
ユーザあるいは顧客の満足度の指標。NPSを測るには、そのサービスあるいはアプリケーションをどのくらい他の人に勧めるかを、10を最高として1から10までの段階（リッカート尺度［Likert scale］とも言います）で格付けするようユーザに依頼します。十分な回答があれば、ユーザがサービスやアプリケーションに対してどの程度満足しているかが分かります。NPSは、最近解決済みになったヘルプデスクのチケットへのフォローアップメールなどの形で、より詳細なレベルの調査に使うことも可能です。

**顧客生涯価値**（customer lifetime value、LTV）

ある顧客の生涯にわたる価値の合計。顧客に対して関連商品を組み合わせて販売している場合、この数字は増えていくはずです。指標としては顧客あたりの収益と密接に関連していますが、生涯単位で計測する点が異なります。

**顧客あたりのコスト**（cost per customer）

顧客にサービスを提供するためにどのくらいコストがかかるかの指標。この値は、理想的には時と共に下がっていって欲しいはずです。つまりそれは、サービスやアプリケーションを効率よく提供できるようになったことであり、すなわちより収益性が高くなったことだからです。SaaSアプリケーションを提供しているなら、この指標から顧客あたりどのくらいインフラコストがかかっているかを知るとよいでしょう。

**顧客獲得単価**（customer acquisition cost、CAC）

顧客やユーザを獲得するのにどのくらいのコストがかかるかの指標。これは、マーケティングチームが一喜一憂する指標であることが多いでしょう。

**顧客の解約数**（customer churn）

アプリケーションやサービスを離れていく顧客の数の指標。ある程度の解約は避けられず、ビジネスにはつきものですが、離脱が多いということは、プロダクトの観点（アプリケーションがそもそもあまりよくない）、パフォーマンスの観点（アプリケーションの動作が遅い）、コストの観点（アプリケーションが高すぎる）といった点で、アプリケーションに何らかの問題がある可能性を示唆します。解約率（churn rate）はビジネスの特性に大きく依存するので、他のビジネスと比較するより、自分のビジネス内での時間経過で比較するのがよいでしょう。

**アクティブユーザ数**（active users）

アプリケーションやサービスのアクティブユーザ数の指標。アクティブユーザ自体は定義が難しく、ビジネスの性質に依存する部分が大きくなります。この指標は、**1日あたりのアクティブユーザ数**（daily active users、DAU）、**1週あたりのアクティブユーザ数**（weekly active users、WAU）、**1月あたりのアクティブユーザ数**（monthly active users、MAU）といった複数のメトリクスを元に追うことも多いです。

**バーンレート（burn rate）**

会社全体でどのくらいのお金を使っているかの指標。この数字は賃金からオフィスの賃料まですべてを含みます。収益を上げている会社（後期のスタートアップや大企業など）の場合、この数字は基本的には使われません。

**ランレート（run rate）**

バーンレートと一緒に出て来ることが多いですが、ランレートとは現在の支出レベルを続けた時に資金がなくなるまでの期間のことです。これは月単位で表されることが多いです。収益を上げている会社の場合、この数字は基本的には使われません。

**TAM（total addressable market）**

ある特定のマーケットがどのくらいの大きさなのかの指標。基本的には、そのマーケットの全員に売ろうとした時の金額決めるための見積りです。この値は、会社がどのようにマーケットを定義するかによって変動します。

**粗利（gross profit margin）**

販売したもののコスト（cost of goods sold、COGS）を除いた利益を表す指標。SaaSの会社なら、この数字は通常80%以上、90%台になることもあるでしょう。SaaSにおいてCOGSは、要するにアプリケーションやサービスを動かすためのコストです。物を売る会社なら、COGSは物を生産するコストです。COGSには給与やオフィスの賃料は含みません。この値をユーザ数でさらに割ることで、ユーザごとに現在どのくらいのコストがかかっているのかを判断できます。

各メトリクスは、それぞれ違う質問（あるいは違う観点からの同じ質問）に答えるためにあります。ビジネスの種類によっては、このようなデータを得るのが難しいこともあります。各メトリクスはその性質上機密情報なので、データにアクセスできないかもしれませんが、それでも経営レベルでどのようなことがなぜ計測されているのか理解しておくのは重要なことです。このトピックについてより深く学びたいなら、Andreessen Horowitzが素晴らしいブログ記事を書いています[†1]。このブログ記事は主にスタートアップ向けに書いてありますが、ビジネスレベルのメトリクスを深く調べるにはちょうどよい出発点です。

---

†1 http://bit.ly/2yJOWReおよび http://bit.ly/2zBRMo9

## 5.2　2つの事例

この本を読んでいるということは、あなたはおそらくITやエンジニアリングの分野にいて、ビジネスを監視するのを手伝うために何ができるのか気になっているでしょう。その方法はたくさんあります。

例えばSaaSアプリケーションを運用しているとすると、メトリクスを計測することでたくさんの質問に答えられるようになります。ここで挙げる例を通じて、外部から監視することの理由と、それがどのように便利なのかをお見せします。それでは有名企業がどのようなアプローチをとったかを見ていきましょう†2。

### 5.2.1　Yelp

Yelpはローカルビジネスと人々を繋げるオンラインプラットフォームです。プラットフォーム上には、2種類のユーザがいます。ローカルビジネスを探している人（レビューをくれるかもしれない人でもある）と、ビジネスページを管理しているビジネスオーナー（レビューに返事をするかもしれない人でもある）です。ビジネスオーナーはビジネスページを無料で「取得」でき、Yelpはビジネスオーナーから広告費用を徴収することでプラットフォームをマネタイズしています。

このような簡単な記述からでも、ビジネスKPIの一覧を簡単に作れます。

- 検索実行
- レビュー投稿
- ユーザのサインアップ
- ビジネスページの取得
- アクティブユーザ
- アクティブビジネス
- 広告購入
- レビューに対する返事

これらすべてでYelpのアプリケーションのコア機能を計測します。また、アーキ

†2　ビジネスモデルから考えてこれらの企業がやっているであろうアプローチを書いているので、もしかしたら全く的外れかもしれません。

テクチャにもよりますが、これらは各バックエンドサービスに強くあるいはゆるく関係しています。各メトリクスは、発生しているかもしれない問題の先行指標になっています。検索機能が壊れたり通常より遅い場合、検索実行数は下がるでしょう。逆に、長い目で見るとこれらのメトリクスは比較的安定しているはずです。直感的に何がよくて何が悪いか、これらのメトリクスを一目見れば分かります。オフィスにディスプレイがあり、これらのメトリクスを誰でも見られると想像して下さい。そこを通りがかった人は、うまくいっているのかどうかがすぐ分かります。これらのメトリクスは何が悪いのかは教えてくれませんが、ビジネスの全体的な調子を示す素晴らしいものです。

これらのメトリクスを追うと、バックエンドの問題がユーザに与える影響がすぐ分かるという別のよい点もあります。バックエンドサービスがスローダウンした時に、ユーザへの影響が気になったことが何回あるでしょうか？　これらのメトリクスを取得していれば、ダッシュボードを開くのと同じぐらい簡単にその質問に答えられます。

### 5.2.2 Reddit

Redditはソーシャルネットワーキングサイトです。ユーザはアカウントなしでRedditを閲覧できますが、スレッドを投稿したり、コメントを付けたり、投票したり、プライベートメッセージを送るにはアカウントが必要です。Redditは広告、Reddit Gold、プレミアムレベルのアカウントを通じてマネタイズしています。Subreddit（特定の話題を議論するサブフォーラム）は無料で無制限に作成可能ですが、こちらもアカウントが必要です。

コア機能を計測するには、おそらく以下のような項目を使うでしょう。

- 現在サイトに滞在しているユーザ
- ユーザのログイン
- コメント投稿
- スレッド作成
- 投票
- プライベートメッセージの送信

- Gold購入
- 広告購入

Redditのメトリクスは、Yelpのものとそれほど変わりません。

そろそろ、あなたの会社でどのようなことができるかアイディアが浮かび始めたはずです。完璧ではないかもしれませんが、これらのメトリクスでユーザや顧客の交流やエンゲージメントを計測できます。この考え方を深めていったらどうなるでしょうか。

## 5.3 ビジネスKPIを技術指標に結び付ける

Redditの例に戻ってみましょう。ユーザのログインを追跡するのはよいのですが、ユーザのログインパフォーマンスに関するもっと細かい情報を得る方法はないでしょうか。実はあります。それは、ユーザのログイン失敗を追うことです。

ユーザのログインを追跡することで、ログインの成功と失敗の両方の情報が得られます。これでもよいのですが、ユーザログインに責任を持っているバックエンドサービスで問題が起こると、メトリクスは取得できなくなります。成功と失敗を別々に追跡できれば、アプリケーションが動いているかどうかを知るという終わりなき旅の手助けになるので、より良いでしょう。

もう少し細かい単位で、Redditのメトリクスを見てみましょう（表5-1）。

表5-1　技術指標に結び付けたビジネスKPI

| ビジネスKPI | 技術指標 |
|---|---|
| 現在サイトに滞在しているユーザ | 現在サイトに滞在しているユーザ |
| ユーザのログイン | ユーザのログイン失敗、ログインのレイテンシ |
| コメント投稿 | コメント投稿失敗、投稿のレイテンシ |
| スレッド作成 | スレッド作成失敗、作成のレイテンシ |
| 投票 | 投票失敗、投票のレイテンシ |
| プライベートメッセージの送信 | プライベートメッセージ送信失敗、送信のレイテンシ |
| Gold購入 | 購入失敗、購入のレイテンシ |
| 広告購入 | 購入失敗、購入のレイテンシ |

いくつかの注意点があります。

- ユーザを個別に分析してはいません。それでも、サイトに対するトラフィックレベルのヒントが得られるので、メトリクスは十分有益です。
- 新しいメトリクスは、どれも失敗率とレイテンシに関するものです。成功率も記録したければできますが、失敗率の方がよりゴールに直結しています。今後の問題に対する指標として使えるという点で、レイテンシを追うのもよいことです。

これらのメトリクスを使うことで、前に設定したメトリクスより細かいレベルで、アプリケーションが動作しているかどうかという質問に答えられるようになります。何が問題かはわかりませんが、何かがあることのヒントになるという、まさに必要としているメトリクスです。

## 5.4　自分のアプリケーションにそんなメトリクスはないという時は

もしかしたら「自分のアプリケーションにはそんなデータはない。どうやって存在しないものを監視すればいいんだ」と思っているかもしれません。

1章や2章で取り上げたように、監視とは何かが起こった後に追加すればいいものではありません。アプリケーションやインフラのパフォーマンスに対する可視性を上げるには、デザインがなくてはなりません。

自動車メーカーのフォードが、燃料タンクにガソリンがどのくらい入っているか計測する方法がない車を作ったとしたらどうでしょうか。あるいは速度を測れないとしたらどうでしょうか。これらは、車が完成してから単に取り付ければよいというものではありません。ごく最初の段階から車にデザインされているものです。モダンな車は、モダンなソフトウェアとよく似ています。ECU（engine control unit、要するに「コンピュータ」）の中身は、たくさんのセンサーからの入力を分析し、車の中の各種コンポーネントに出力するための調整を行う責任を持った、たくさんのソフトウェアです。ECUのコア機能は、計測結果をフィードバックするセンサーに完全に依存していて、いろいろな重要なコンポーネントの制御を調整できるようになっています。コンピュータ時代の初期から、監視の仕組みはデザイン段階で車に組み込まれていたのです。

ありがたいことに、私たちは車を作っているわけではないので、出荷済みの車全部に燃料計をつけるような作業と比べると、ずっと早いフィードバックループを使って機能を変更できます。満足するまで監視を追加し、改善を続けるために、アプリケーションやインフラを変更する能力があります。必要な計測データをアプリケーションが出してくれないなら、自分でアプリケーションを変更してしまいましょう。

## 5.5　会社のビジネスKPIを見つける

これでビジネスKPIを技術指標にどう結び付けるかの考えが得られたでしょう。次にビジネスやアプリケーションから、これらの情報を発見する方法を考えましょう。

前に挙げた例を元に、自分が集めるべきメトリクスについてのよい考えがすでに思い浮かんだかもしれません。追跡すべきメトリクスのリストをお渡ししたいところですが、悲しいかなすべてのビジネスはそれぞれ違うので、一般化するのは無理があります。

しかし心配しないで下さい。どのようにアプリケーションが動いていて、何を計測するのが重要かを理解できるよう、間違いない方法を教えます。それは、人と話すことです[†3]。

ええ、馬鹿げてると言いたいかもしれませんが、これはうまくいくのです。

では誰に話しかけたらよいのでしょうか。

まず話すべきはプロダクトマネージャです。プロダクトマネージャと仕事したことがない人のために説明すると、プロダクトマネージャの仕事とは、顧客が何を必要としているかを理解し、それを実現するためにエンジニアリングチームと協力することです。その結果、プロダクトマネージャは何が問題なのかを高いレベルで把握していることが多いのです。プロダクトマネージャの次は、ソフトウェアエンジニアリングチームのマネージャ、その後はシニアソフトウェアエンジニアと話してみましょう。それが終わる頃には、何が問題で、どのように問題点を発見すればよいかよく理解できているはずです。

何を聞くべきかについて、私のよく使う質問があります。

- 私が会社に入りたてだとして、アプリケーションが動いていることをどう

†3　これは実際ある種のマインドハックです。たとえ短時間でもエンジニアリング分野でない人と話をすることで、エンジニアリングの考え方から抜け出すことができます。エンジニアリング分野外の視点を理解するのは、常に重要なことです。

やって知ったらよいでしょうか？ 何をチェックしていますか？ どう動いていたらよいのでしょうか？

- アプリケーションのKPIは何ですか？ なぜそのKPIを使っているのですか？ そのKPIはどんなことを教えてくれますか？

この段階で何を監視すべきか理解するための別の方法としては、アプリケーションの機能の概略図を描いてみることです。使っているのがMySQLかPostgreSQLかあるいは他のデータベースかといったことは置いておきましょう。あるコンポーネントからデータベースに接続するレイテンシを知りたいのであれば、そのコンポーネントが何らかのデータベースに接続していることが分かれば十分です。まずはログイン、検索、地図のロードなど、機能をマッピングしてみるのがよいでしょう。

ビジネスはそれぞれ違うので、誰もが追跡すべきメトリクスというのはありません。期待したとおりにアプリケーションが動いているかどうかを示す高レベルなメトリクスを見つけるのが、最終的なゴールです。

## 5.6 まとめ

ここまで、多くの人はなかなか直面しないであろう会社のビジネス面の重要性について学びました。これらの情報は、ビジネスを運営し成長するため、そして私たちが仕事をしていくために非常に重要です。まとめると以下のようになります。

- ビジネスKPIは、非常に重要なメトリクスであり、アプリケーションやインフラの調子やパフォーマンスを示す先行指標です。
- 会社の中でこれらのメトリクスを特定し、追跡する方法を学びました。
- ビジネスメトリクスを技術指標に結び付ける方法を学びました。

次の章では、進化し続けるフロントエンドパフォーマンス監視について学んでいきます。

# 6章 フロントエンド監視

多くの会社では、フロントエンドの監視を見て見ぬ振りをしています。それは、監視が「Opsのやること」とされていることが多いためでもあります。普通のシステム管理者やOpsエンジニアは、公開されているWebサーバは別として、アプリケーションのフロントエンドのことはあまり考えないものです。これが理由で大きな盲点が存在しているのです。

この章では、なぜこれが盲点になるのかを考え、フロントエンド監視のいろいろな視点を見ていくことで、変えて行く方法を示していきます。そして、時と共にパフォーマンスが悪くなってしまわないように、既存のツールにフロントエンド監視をどのように組み込んでいくのかを考え、この章の仕上げとします。

私の言う**フロントエンド監視**とはどういう意味でしょうか。ここでは、ブラウザあるいはネイティブなモバイルアプリケーションによってパースされて実行されるすべてを、フロントエンドと定義します。あるWebページをロードした時の、HTML、CSS、JavaScript、画像などすべてが、フロントエンドの構成要素です。データベースからデータを取り出したり、バックエンドコード（例えばPythonやPHPで書かれたもの）を実行したり、データ取得のためにAPIを呼び出したりといったWebアプリケーションが行うことは、バックエンドに分類されます。さまざまな処理がバックエンドアプリケーションからフロントエンドで行われるようになったので、この説明は少しあいまいかもしれません。

**シングルページアプリケーション**（single page application、SPA）が広く使われるようになって、HTTPのエラーが起きていないのにJavaScriptのエラーが発生するようなケースも珍しくありません。伝統的なやり方での監視は、クライアントサイドのブラウザアプリケーションの世界には、もう使えないのです。

### SPAとはそもそも何か

SPAとは、ブラウザにロードされるWebアプリケーションであり、データ取得のためにサーバへある程度リクエストを送りつつ、クライアントサイドのリソースを使用するものが一般的です。多くのSPAが備えるユニークな機能として、ページの再読み込みをせずに、そのページがバックグラウンドでデータを更新できる点があります。React.js、Angular.js、Ember.jsなどがSPAを作るのに広く使われているフレームワークです。

フロントエンドのパフォーマンスに対する取り組み方は、今まで慣れて来た方法とは少し違うはずです。フロントエンドのパフォーマンス監視のゴールは、**動き続けることではなく**、**素早くロードされる**ことです。フロントエンドのパフォーマンスは、アプリケーションに新しい機能を追加していくにつれて、画像、JavaScript、CSSなどあらゆる**静的アセット**のサイズに影響されることになります。

パフォーマンスを評価し、改善効果が時間と共に失われていかないようにする戦略をお伝えしていくので、それを使ってフロントエンドのパフォーマンスが常に改善していくようにしましょう。そこまでいかなくても、今どのくらいのパフォーマンスなのかを常に把握しておけるようにしましょう。

### ツールの話をせずにツールの話をする

本章だけでなく以降の章でも同様ですが、フロントエンド（JavaScript）については、特定のツールに偏らない一般的な視点で監視を行うのは難しいことです。JavaScriptなので、すべてが抽象化され、個別のライブラリあるいはツールとして実装されています。この本ではできるだけツールに依存しないようにしていますが、JavaScriptに関してはそれは簡単ではありません。したがって、この章ではいくつかの特定のツールやライブラリに言及しますが、これはそのツールを支持しているわけではなく、単なる例に過ぎません。

## 6.1　遅いアプリケーションのコスト

エンジニアとして私たちは、遅いアプリケーションはビジネスによくないということを直感的に理解しています。遅いWebサイトにイライラして別のサイトに移動してしまうことが1日に何回あるか分かりません。しかし結論としては、実際どのくらいよくないものなのでしょうか。フロントエンドのパフォーマンスの重要性を、どうやったらお金に焦点を当てた具体的な方法で伝えられるでしょうか。フロントエンドのパフォーマンスに時間をかける価値があることを、どのように説得したらよいでしょうか。パフォーマンス改善の効果をどうやって計測したらよいでしょうか。

Aberdeen Researchの2010年の研究によると、ページロード時間が1秒遅くなると、平均でページビューが11%、コンバージョンが7%、顧客満足度が16%下がると言われています。Aberdeenは、最適なページロード時間は2秒以下で、5.1秒を超えるとビジネスに影響が出始めるとしています。

ShopzillaとAmazonも同じような発見をしています。Shopzillaのページロード時間が6秒から1.2秒に短くなった（https://www.youtube.com/watch?v=Y5n2WtCXz48）ことで、売上げが12%増え、ページビューも25%増えたとしています。またAmazonは、ロード時間が100ms改善するごとに売上げが1%増えることを突き止めました（http://bit.ly/2y494hq）。

より最近の例では、Pinterestが2017年3月にフロントエンドパフォーマンスに関するプロジェクト（http://bit.ly/2iyxUio）を始め、体感の待ち時間を40%短縮したことでSEOトラフィックが15%増え、新規登録も15%増えたという驚くべき結果を出しています。「トラフィックとコンバージョン率が倍々に増えていくことから、これはWebとアプリケーションの新規登録の点で私たちにとって大きな成功でした」とブログ記事の筆者は書いています。これは、フロントエンドにおけるパフォーマンスチューニングのインパクトに対する、なかなかの推薦の言葉と言えます。

### ページロード時間はどのくらいであるべきか

4秒以下を目指しましょう。到達するのはきつい数字ですが、間違いなく実現可能です。無理ですって？　Amazon.comは、2017年のAmazon Prime Day期間中のロード時間をおよそ2.4秒に保った（http://bit.ly/2i3u7Wn）そうです。これは私たちの誰も経験したことのないであろうトラフィックですが、それでも彼らはやり遂げたのです。

この否定できない具体的な数字があるにもかかわらず、いまだに多くのチームがフロントエンドのパフォーマンス改善を優先していないのが信じられません。この分野を専門的に扱い、他の会社が同じような結果を得られるよう手助けしている同僚と最近話をしました。改善内容に対する実際の収益に対する関連性を示しているにもかかわらず、こういった改善に時間を費やすことをためらう、あるいは乗り気でないチームがあると彼は言いました。そういうことはやめましょう。オンラインで何かを販売するビジネスで儲けるには、サイトのパフォーマンスがよいことは必須条件です。

## 6.2 フロントエンド監視の2つのアプローチ

フロントエンド監視には、**リアルユーザ監視**（real user monitoring、RUM）と**シンセティック監視**（synthetic monitoring）の2つのアプローチがあります。2つの違いは、監視に使うトラフィックの種類によります。

技術的にはこれら2つのアプローチは、フロントエンドだけでなくすべての監視に適用できるものです。これらは、**ホワイトボックス監視**と**ブラックボックス監視**と言えます。

Google Analyticsを見たことがあるなら、それはRUMの一種だと考えて下さい。要するにRUMとは、監視のデータとして実際のユーザトラフィックを使うものです。各ページにJavaScriptの小さなスニペットを入れることで、監視を実現します。誰かがページをロードすると、そのスニペットは監視サービスに対してメトリクスを送信します。

一方、WebpageTest.orgのようなツールはシンセティック監視を行います。監視データを得るため、いろいろなテスト環境下で偽のリクエストを生成します。ソフトウェアベンダの多くは、自社のRUMやシンセティック監視ツールを独自の特別なもののように売り込んできますが、特別なのはそのツール特有の機能だけです。

実際の環境下で実際のユーザが経験したパフォーマンスを監視するという点で、RUMはフロントエンド監視の仕組みの中心的な存在になるでしょう。この章では、その大半でRUMの方法論と基礎について説明し、最後にシンセティック監視についての見解を述べます。

## 6.3 DOM

フロントエンド監視の核心に入っていく前に、まずは核となる考え方でありDOMとして知られるDocument Object Modelについて話す必要があります。

DOMは、Webページの論理的な表現です。DOMは大雑把にいうとツリーに似ていて、各HTMLタグがDOM内のノードを構成します。ページに対するリクエストがあると、ブラウザはDOMをパースし、視覚的に見られるページを描画します。技術的に言えば、HTMLはDOMではなく、DOMはHTMLではありません。しかし、分かりにくいことに、完全に静的なWebページのソースHTMLは、DOMに完全に対応しています。JavaScriptをここに持ち込むと、DOMとソースHTMLは別物になります。

すでに知っているかもしれませんが、JavaScriptのスクリプトは、ページを動的にするため、ページがロードされた後でもHTML要素を参照し、必要に応じてデータを変更できます。オンラインの電卓を使ったことがあるなら、この仕組みを見たことがあるはずです。これが、JavaScriptを使用し、複雑になったモダンなWebの仕組みです。この機能によって、ブラウザがパースしたDOMと、ブラウザが最終的に表示したページは一致しません。

Webページのパフォーマンスが重要なのは、いろいろなところでJavaScriptがパフォーマンスに影響を与えるためです。デフォルトでは、スクリプトは同期的にロードされます。つまり、DOMがパースされ、<script>タグに遭遇すると、ブラウザはDOMのパースを停止して、スクリプトをロードします。これによって、スクリプトをリクエストするHTTPコネクションが張られ、スクリプトがダウンロードされ、実行され、DOMにロードされ、その後DOMのパースが再開されます。

HTML5では<script>タグで、スクリプトのロード時に処理をブロックしないようDOMに伝えるasync属性がサポートされています。このasync属性によって、DOMがロードされている間にバックグラウンドでスクリプトがダウンロードされ、ダウンロード完了後に実行されるようになります。この機能はページパフォーマンスを大きく改善しますが、銀の弾丸というわけではありません。

この本は監視について書いているのに、なぜこんなにJavaScriptについて話すのか不思議に思うかもしれません。私は、監視しようとする対象の元になっている仕組みを理解するのは有益だと考えているので、フロントエンド監視のこととなれば、JavaScriptが引き起こしがちな混乱について話す必要があります。

たくさんのスクリプトがあるとしましょう。どのくらいページのパフォーマンスが悪化するかは明らかです。例としてこの本を書いている時点では、cnn.comは55のスクリプトをロードしている一方、google.comは5つしかロードしていません。ロード時間は想像のとおりでしょう。cnn.comは8.29秒なのに対して、google.comはたったの0.89秒です。

## 6.3.1 フロントエンドパフォーマンスのメトリクス

DOMについての講義を終えたので、本題に入りましょう。メトリクスについてです。ブラウザがどんなに多くのデータを収集し、リクエストに応じてそれを公開しているかを、多くの人は知りません。実は、使用中のデバイスのバッテリ容量、現在の時刻、タイムゾーン、スクリーンのサイズなどなど、大量の情報を公開しているのです。もちろんここでは、ブラウザが持っているパフォーマンスのメトリクスに興味があります。

市場で入手可能な多くのツールでは、フロントエンドのメトリクスを一般化し、使いやすいパッケージにまとめているので、何をしているのか理解しやすくなっています。多くの場合、フロントエンドのパフォーマンスを記録しておくのにSaaSツールを使うことになるでしょうが、内部がどうなっているかを見ていきましょう。

### Navigation Timing API

ブラウザは、W3Cによって推奨されているNavigation Timing API（`https://www.w3.org/TR/navigation-timing/`）という仕様に基づいたAPIを通じて、ページパフォーマンスのメトリクスを公開しています。このAPIはデフォルトで各ページで有効化されていて、ページパフォーマンスに関するたくさんの情報を提供しています。このAPIは全部で21のメトリクスを公開していますが、多くはパフォーマンスのトラブルシューティングに便利なもので、通常のトレンドを監視するのに必要なのは数個だけです。

このAPIで使用可能なメトリクスの全一覧は表6-1のとおりです。

表6-1 Navigation Timing API のメトリクス

| | | |
|---|---|---|
| navigationStart | unloadEventStart | unloadEventEnd |
| redirectStart | redirectEnd | fetchStart |
| domainLookupStart | domainLookupEnd | connectStart |
| connectEnd | secureConnectionStart | requestStart |
| responseStart | responseEnd | domLoading |
| domInteractive | domContentLoadedEventStart | domContentLoadedEventEnd |
| domComplete | loadEventStart | loadEventEnd |

図6-1の方がより分かりやすいかもしれません。

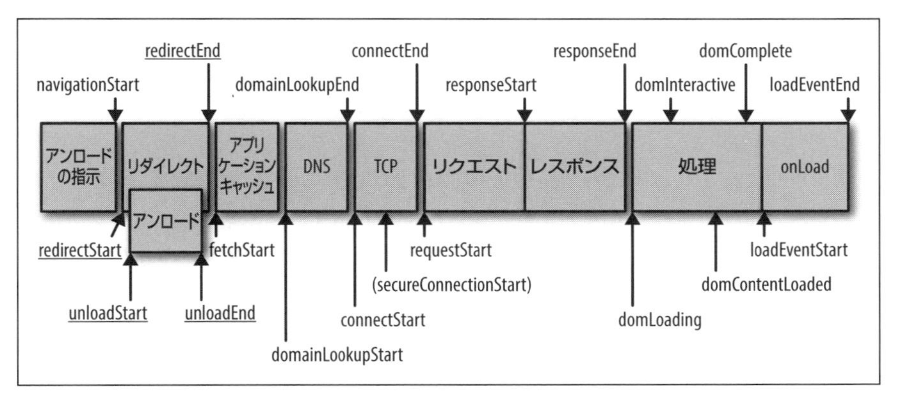


図6-1 Navigation Timing API のタイムライン

常に有益なのは以下のメトリクスです。

- navigationStart
- domLoading
- domInteractive
- domContentLoaded
- domComplete

これらがどのような意味なのかもう少し詳しく見てみましょう。

navigationStart
　ブラウザによってページリクエストが開始されたタイミングです。

domLoading
　DOMがコンパイルされロードが始まったタイミングです。

domInteractive
　ページが使用可能になったと考えられるタイミングです。ただし、ページのロードが終わっているとは限りません。

domContentLoaded
　すべてのスクリプトが実行されたタイミングです。

domComplete
　ページがすべて（HTML、CSS、JavaScript）のロードを終えたタイミングです。

ブラウザにはこれ以外にもUser Timing APIと呼ばれる、さらに細かい計測を行おうとする人向けの便利なAPIがあります。Navigation Timing APIのメトリクスは設定済みである一方で、User Timing APIは自分でメトリクスやイベントを作ることができます。

## Speed Index

事実上の標準フロントエンドパフォーマンステストツールとして使われているWebpageTestには、興味深く便利ないくつかのメトリクスがあります。中でも最も有名なのが、あなたも聞き覚えがあるかもしれないSpeed Index（`http://bit.ly/1ttMTJ5`）です。

Navigation Timingのメトリクスがブラウザによる正確な報告に基づいている一方で、Speed Indexは、視覚的な観点でページがロードされ終わったのがいつかを判断するのに、秒間10フレームのビデオキャプチャを使います。ユーザの体感を完全に判断する点では、ブラウザが報告して来るメトリクスよりずっと正確です。テスト結果はSpeed Indexアルゴリズムによって計算され、その数値は小さいほどよいです。Speed Indexは、パフォーマンスを一般的観点から判断するにはよい数字ですが、ブラウザが提供するメトリクスには含まれている詳細情報の多くがSpeed Indexには含まれていないので、あまり依存しすぎるのはよくありません。

### 6.3.2 素晴らしい！ でもどうやったらいいの？

メトリクスの一覧は活用できないなら有益とは言えません。多少の計算を交えて、例として以下のようにいくつかの数字を計算できます。

- domComplete - navigationStart = ページの総ロード時間
- domInteractive - navigationStart = ページがロードされたとユーザが体感する時間

アプリケーションでこれらのデータを計測すれば、どこへでも送れるようになります。例6-1は、Google Analyticsとそのライブラリであるanalytics.jsを使ってアプリケーションを計測し、Google Analyticsへメトリクスを送る方法を示しています。

例6-1 Navigation Timing APIをGoogle Analyticsと組み合わせる（コードはGoogleによる）

```
// Navigation Timing APIのサポートを検知
if (window.performance) {
  // ページロードからのミリ秒を取得
  //（整数である必要があるので、値を四捨五入）
  var timeSincePageLoad = Math.round(performance.now());
  // timingをGoogle Analyticsに送信
  ga('send', 'timing', 'JS Dependencies', 'load', timeSincePageLoad);
}
```

StatsDやGraphiteといった既存のツールを使うなら、もう少し難しくなります。JavaScriptからUDP/TCPソケットにデータを送るのは単純ではありませんが、HTTPのPOSTを受け入れるStatsDバックエンドがあります。

フロントエンド監視をするなら、専門のSaaSプロダクトを使うことをおすすめします。これらのプロダクトには計測のためのプロプライエタリなライブラリが備えられていて、使い方もシンプルです。内部的には前述のような同じAPIを利用していますが、使い方が簡単で、さらに素敵なダッシュボードが付いています。もしこの方針を採用するなら、Google Analyticsはおそらく最高の選択です。小規模なインフラで小さなサイトを運営しているならなおさらです。

## 6.4 ロギング

JavaScriptの世界で働いたことがあるなら、もうすでにconsole文のことは知っているでしょう。consoleはデバッグや開発目的で主に使われています。例えば、以下のように使われます。

```
console.log("この文はログにエントリを追加します");
```

このようなデバッグ文は非常に便利ですが、本番でのエラーを追い続けたい時にはあまり役に立ちません。ユーザのブラウザコンソールを、開発者であるあなたに向けたメッセージで埋め尽くしたくはないでしょう。本番環境のロギングには、もっと安定した方法が必要です。

残念ながらこの分野での選択肢は限られています。syslogのような一般的なロギングインフラはあまり存在しておらず、その結果ログエントリをどこかに送るという同じ目的を持つ、さまざまな品質のライブラリが数多く存在しています。

しかし、SaaSプロダクトを使うと、実質的な選択肢は広がります。JavaScriptからの例外やログメッセージを収集し、それをホステッドサービスに送るというつらい部分をまとめて扱ってくれるプロダクトが存在します。「exception tracking saas」でGoogle検索してみれば、素晴らしい選択肢が見つかります[†1]。

## 6.5 シンセティック監視

Webサイトが動いているか確認するためにcurlを実行したことがあるなら、それがシンセティックテストです。さらに高機能で、Webページのパフォーマンスに特化したツールが存在しています。中でも成功しているのがWebpageTest.orgです。

WebpageTest（Speed Indexを作ったのも彼らです）についてはすでに言及しましたが、ここでは特定の凝った使い方をするために取り上げます。それは、あなたのテスト環境に統合するということです。Webアプリケーションのパフォーマンスは、能動的かつ定期的にパフォーマンスを最適化していかないと、時間の経過と共に悪化していく傾向があります。計測していないものを改善することはできませんが、プルリクエストごとにフロントエンドのパフォーマンスへの影響が計測できたらどうでしょうか。これこそがWebpageTestプライベートインスタンス（https://github.

---

†1　訳注：英語のまま検索した方が期待した結果が得られるようなので、そのまま検索してみて下さい。

com/WPO-Foundation/webpagetest-docs/blob/master/user/Private%20Instances/README.md）が役立つところです。

WebpageTestのAPIを、あなたの自動テスト環境で使えるようにすると、新機能のパフォーマンスへの影響をチームが考慮し、苦労して得たパフォーマンス改善の効果を失ってしまわないようにできます。

## 6.6 まとめ

ここまで学んだように、フロントエンドの監視は見落とされることが多い一方で、単に監視ができるというだけでなく、その実現も比較的簡単です。あらゆる監視と同じように、永遠に続くかのような興味深い分野ですが、その基礎はシンプルです。

- 実際のユーザが見ているページのロード時間を監視しましょう。
- JavaScriptの例外を監視しましょう。
- ページのロード時間をCIシステムから計測し続け、ロード時間が許容時間内に収まるようにしましょう。

アプリケーションのフロントエンドは、バックエンドと密接に関係しています。バックエンドのパフォーマンスは、フロントエンドの問題として現れます（例えば、ボタンをクリックした時の遅い反応など）。これを解決するために、次はアプリケーションのバックエンド（つまりコードのこと）の計測に話を移しましょう。

# 7章
# アプリケーション監視

サーバインフラへの堅牢な監視、素晴らしいセキュリティ監視、非常に有用なネットワーク監視戦略を持ちながら、アプリケーションはよくわからないブラックボックスのままという会社をたくさん見てきました。これにはいつも不自然さを感じます。なぜなら、ほとんどの組織では何よりもアプリケーションに対して最も高頻度で変更を加えており、アプリケーションのパフォーマンスに対する可視性は高い重要性を持っているはずだからです。

これは、アプリケーション監視が難しすぎるか、高い専門的なスキルセットを必要とすると多くのチームでは考えているからだと私は思います。しかしこれはどちらも真実ではありません。この章では、アプリケーションに対する高い可視性を得る手助けをしていきます。

## 7.1 メトリクスでアプリケーションを計測する

監視が非常に効果的なのにもかかわらず、見逃されがちなことがあります。それは、アプリケーション自体の計測です。アプリケーションの監視をしない理由はありません。アプリケーションは、それ自体のパフォーマンスに関する価値ある情報をたくさん持っているので、その多くを活用することで、受動的ではなく能動的にアプリケーションのパフォーマンスを維持できるようになります。

アプリケーションにメトリクスを追加するのは難しく、かつ時間がかかることを心配するかもしれません。しかし、どちらも心配いりません。他のことと同じく、シンプルに始めるのが鍵です。データベースクエリの実行にかかった時間、外部ベンダのAPIが応答するのにかかった時間、あるいは、1日に発生したログインの数を計測してみてください。

アプリケーションの計測を始めれば、もう病みつきになります。アプリケーションのメトリクスはいろいろなことにとても便利に使えるので、なぜすぐ始めなかったのか不思議に思うくらいでしょう。

**アプリケーションパフォーマンス監視（APM）ツールについての余談**

**アプリケーションパフォーマンス監視**（application performance monitoring、APM）というくくりの中にはたくさんのツールが存在しています。これは、エージェントあるいはライブラリをアプリケーションに追加することで、アプリケーションのパフォーマンス、スロークエリ、アプリケーションの動作の滝グラフ（waterfall chart）といった、さまざまな情報を自動で取得するものです。これは説得力のある宣伝文句であり、間違いではありません。これらのツールは、そういったことすべて、あるいはそれ以上の機能があります。

しかし問題があります。これらのツールは、アプリケーションやその背後にあるビジネスロジックに関する何のコンテキストも把握していません。特定のクエリ実行にかかった時間を表す小ぎれいな滝グラフを見ていても、クリティカルワークフローパスでのレイテンシ、あるいはアプリケーションが何を行うかというコンテキストを知っている必要性については何も教えてくれないのです。

APMツールは悪くはありませんが、特有の制限事項については理解しておきましょう。

この本では特定のツールについて話さないと言いましたが、例外があります。StatsDは、いろいろな状況で簡単に使うことができることから、その例外の1つです。また、アプリケーションを計測するのがいかに簡単かを、StatsDを使うと完璧に例示できます。

StatsDは、コードの中にメトリクスを追加するためのツールです。Etsyによって2011年に作られて（`https://codeascraft.com/2011/02/15/measure-anything-measure-everything/`）以来、その簡単さと柔軟性から、StatsDはモダンな監視スタックには不可欠な存在になりました。StatsDを使わないとしても、知っておくのは重要です。StatsDは元々はGraphiteバックエンド用にデザインされたので、メトリクス名はドット区切り（例えば`my.cool.metric`）になっています。

StatsDの素晴らしさを説明するには、例を使うのがいちばんです。シンプルなログイン関数を見てみましょう。

```
def login():
        if password_valid():
                render_template('welcome.html')
        else:
                render_template('login_failed.html', status=403)
```

パスワードが有効なら、ウェルカムページ（と暗黙のHTTP 200）を返しますが、ログインに失敗したら、login_failed.htmlページとHTTP 403 Access Deniedを返します。どのくらいの頻度でこれが起きるのかがわかったら素敵ですよね。

```
import statsd
statsd_client = statsd.StatsClient('localhost', 8125)

def login():
        statsd_client.incr('app.login.attempts')
        if password_valid():
                statsd_client.incr('app.login.successes')
                render_template('welcome.html')
        else:
                statsd_client.incr('app.login.failures')
                render_template('login_failed.html', status=403)
```

この関数に、メトリクスを追加しました。ログインが何回試行されたか、何回ログインが成功したか、何回ログインが失敗したかの3つです。

StatsDは何かの処理にかかった時間を計ることもサポートしており、興味深い情報が得られるところです。ログインサービスが別のマイクロサービスだったり、外部サービスだった場合はどうなるでしょうか。そういったサービスがうまく動いているかいないかをどのように知るのでしょうか。

```
import statsd
statsd_client = statsd.StatsClient('localhost', 8125)
```

```
def login():
        login_timer = statsd_client.timer('app.login.time')
        login_timer.start()
        if password_valid():
                render_template('welcome.html')
        else:
                render_template('login_failed.html', status=403)
        login_timer.stop()
        login_timer.send()
```

この例では、関数の実行にどのくらい時間がかかったかを記録するタイマ、つまり事実上のログイン時間を計るタイマを設定しています。ログイン処理に普通はどのくらいの時間がかかっているかが分かれば、「ログインがいつもより遅いんじゃない？」という質問に、直感で判断したり肩をすくめて分からないと言う代わりに、すぐに答えられます。

これはまだStatsDによるアプリケーションの計測でできることの、ほんの始まりでしかありません。

### 7.1.1 内部ではどのように動いているのか

StatsDは、サーバとクライアントという2つのコンポーネントから構成されています。クライアントは、アプリケーションを計測するコードライブラリで、メトリクスをUDP経由でStatsDサーバへ送信します。StatsDサーバは、サーバの各ノードで動作することもできますし、中央StatsDサーバを置くこともできます。どちらのパターンもよく使われます。

UDPを選択しているのが重要な点です。UDPはノンブロッキングなプロトコルであり、動作を遅くする可能性のあるTCPハンドシェイクがなく、StatsDでアプリケーションの計測をする時もアプリケーションのパフォーマンスに大きな影響を与えることはありません。StatsDはTCPもサポートしていますが、UDPの代わりにTCPを使う理由は見当たりません。

StatsDは、設定した**フラッシュ間隔**に従って、収集したすべてのメトリクスをバックエンドに「フラッシュ」します。デフォルトでは、メトリクスは10秒ごとにフラッシュされます。フラッシュの間に収集されたあらゆるメトリクスは集約されてバックエンドに送られる点に注意して下さい。データタイプに応じて異なる方法で集約が行われます。

タイマはいくつかのメトリクスを計算します。

- 90パーセンタイルの平均（mean）
- 90パーセンタイルの上限
- 90パーセンタイルの合計
- 一定時間の全タイマの上限
- 一定時間の全タイマの下限
- 一定時間の全タイマの合計
- 一定時間の全タイマの平均（mean）
- 一定時間にタイマが収集した数

たくさんの種類があるように見えますが、実は単純です。例えば、以下のような値をタイマとして送ったとしましょう。

```
5
9
30
25
7
3
2
15
17
80
```

すると、StatsDが送信する結果は以下のようになるはずです。

```
mean_90: 12.5
upper_90: 30
sum_90: 113
upper: 80
lower: 2
```

```
sum: 193
mean: 19.3
count: 10
```

ゲージの値の場合、フラッシュ間隔の最後の値だけが送られます。集合はゲージと同じように扱われます。カウンタの場合、カウンタの値と秒あたりの値の2つが送られます。例えば、カウンタをフラッシュ間隔の間に11回インクリメントしたら、カウンタの値として11、秒あたりの値として1,100（$value / ($flushInterval / 1,000)）が送られます。

バックエンドでは、Carbon（Graphite）、OpenTSDB、InfluxDB、あるいはその他のSaaSツールなどいろいろなところにメトリクスを送信できます。バックエンドの設定はそのバックエンドの種類によっていろいろですが、どれも簡単です。StatsDには、Graphiteバックエンドが組み込まれています。それぞれのバックエンドに対応したセットアップ方法は、ドキュメントを参照して下さい。

ドキュメントを確認すれば、StatsDでいろいろなことができるのが分かるので、興味があるならぜひ読んでみましょう。なお、多くのSaaS監視ベンダは独自のStatsDあるいはStatsDに似た機能を実装していることもお伝えしておきます。

## 7.2 ビルドとリリースのパイプラインの監視

ビルドやリリースのパイプラインあるいは手順を監視するのは、ビルドからリリースに至るプロセスで見落とされがちです。このプロセスを監視することで、アプリケーションやインフラに対する考え方や情報がたくさん得られる上に、不具合や問題領域を特定する手助けにもなります。「何を監視できるっていうんだ、ビルドなんて動くか動かないかじゃないか」と思うかもしれません。ほぼそのとおりです。しかしここで本当に役立つのは、アプリケーションやインフラのメトリクスと一緒に利用するメタ情報（デプロイがいつ始まったか、いつ終わったか、どのビルドがデプロイされたか、誰がデプロイを実行したかなど）なのです。

Etsyが「Measure Anything, Measure Everything」（https://codeascraft.com/2011/02/15/measure-anything-measure-everything/）という独創的なブログ記事を通じてこの考え方を世に広めたことで、監視を改善する多くの新しいアイディアやツールが生まれました。今日のモダンな（SaaSおよびオンプレミス両方の）メトリクスツールの多くは、何らかの形でこの機能（**イベント**、**アノテーション**などと呼ばれますがより正確には**デプロイメント**）を含んでいると言えます。

それがなぜ重要なのか不思議に思うかもしれませんが、APIエラー率にデプロイイベントを重ねた図である図7-1を見てみましょう。

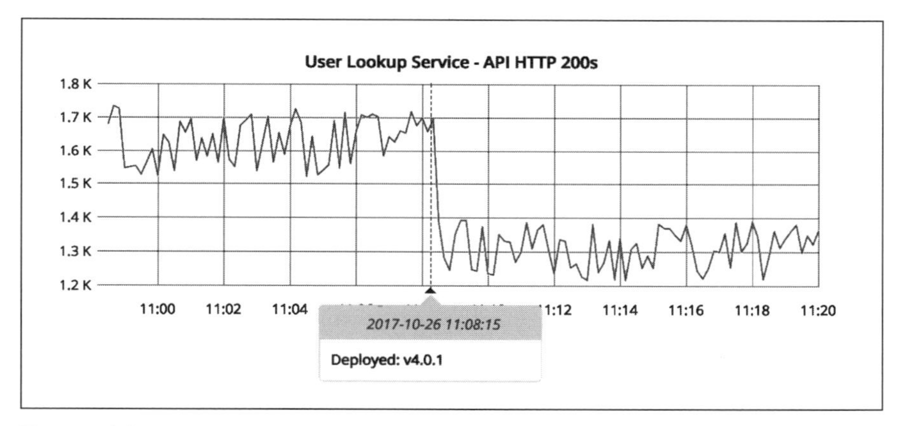


図7-1　デプロイメントのマーカーとAPIエラー

このグラフは、直近のデプロイとAPI成功数の激減の間の関係性を明確に表しています。この関係性が因果関係を意味するとは限りませんが、デプロイが何らかの問題を引き起こしたという揺るぎない証拠がこのグラフから見出せます。デプロイのタイミング、ビルドデータ、デプロイを実行した人を記録しておくと、トラブルシューティングのためにさらに役立つ情報が得られます。これらの情報を保存しておくこと自体は意味がないかもしれませんが、他のメトリクスと組み合わせることによって、全く新しい視点を得られ、アプリケーションやインフラの動きを理解できます。

## 7.3 healthエンドポイントパターン

おかしなことに、この考え方はしばらく前からあるものの、このパターンに誰も公式な名前をつけていませんでした。私はこれを**/healthエンドポイントパターン**（/health endpoint pattern）と呼ぶことにしました。オンラインで見つかる記事では、**カナリアエンドポイント**（canary endpoint）と呼んでいるものや、単に**ステータスエンドポイント**（status endpoint）としているものもあります。

呼び方はともかく、考え方は単純です。アプリケーションの健全性を伝えるアプリケーション内のHTTPエンドポイントであり、アプリケーションについての基本的な情報（デプロイされたバージョンや依存性のステータスなど）を含む場合もあります。エンドポイントの裏側には、アプリケーションの健全性と状態についての情報を取得する独立したコードが存在しています。これから見るように、この実装はシンプルなものから非常に複雑なものまでいろいろあります。

このパターンを使わない手はありません。数ページにわたってプッシュベースのパフォーマンスデータがいかに素晴らしいかを話してきましたが、なぜ定期的にデータをプルする必要があるものを使うのでしょうか。

このパターンには、メトリクスベースのやり方では得られない利点があります。

- このエンドポイントは、ロードバランサやサービスディスカバリツールによるヘルスチェックにも使用できます。
- このエンドポイントは、デバッグにも便利です。エンドポイントでビルド情報を公開すると、環境内で何が動いているのかも簡単に判断できるようになります。
- ヘルスチェックで詳しい情報を得られるようにすることで、アプリケーションが自分自身の健全性を把握できるようになります。

もちろん、このパターンとメトリクスベースのパターンは二者択一ではありません。メトリクスを送りつつ、/health エンドポイントも提供するという両方のパターンを実装することも可能です。ニーズに応じて両方を採用しているチームも多いです。

さらなる理解のためにシンプルな実装を見てみましょう。データベースに依存しているシンプルなDjango（Pythonのフレームワーク）アプリケーションを考えます。練習として、裏側で動くDjangoの設定はあいまいなままにしておきます。このコードは、単にヘルスチェックがどのように動くかを例示するためのものであって、Djangoの使い方を示すためのものではありません。health()関数を呼ぶように、使いたいルーティング（例えば /health）に従ってアプリケーションを設定して下さい。

```
from django.db import connection as sql_connection
from django.http import JsonResponse

def health():
        try:
```

```
            # SQLデータベースに接続し、1行をselect
            with sql_connection.cursor() as cursor:
                    cursor.execute('SELECT 1 FROM table_name')
                    cursor.fetchone()
            return JsonResponse({'status': 200}, status=200)
    except Exception, e:
            return JsonResponse({'status': 503, 'error': e}, status=503)
```

この例では、アプリケーションの既存のデータベース設定を流用しています。これは、/healthエンドポイントとアプリケーションが別々の認証情報を使う状況にならないようにするという点でよい方法です。この例は、1行を返す非常にシンプルなクエリを実行します。コネクションが成功すればHTTP 200が返され、失敗するとHTTP 503が返されます。

このアプリケーションがMySQL以外にも依存性を持っていた場合はどうでしょうか。例えばRedisに依存性を持っている場合は以下のようになります。

```
from django.db import connection as sql_connection
from django.http import JsonResponse
import redis

def check_sql():
        try:
                # SQLデータベースに接続し、1行をselect
                with sql_connection.cursor() as cursor:
                        cursor.execute('SELECT 1 FROM table_name')
                        cursor.fetchone()
                return {'okay': True}
        except Exception, e:
                return {'okay': False, 'error': e}

def check_redis():
        try:
                # Redisデータベースに接続し、キー1つを取得
                redis_connection = redis.StrictRedis()
                result = redis_connection.get('test-key')

                # そのキーの値を既知の値と比較
```

```
            if result == 'some-value':
                return {'okay': True}
            else:
                return {'okay': False, 'error': 'Test value not found'}
        except Exception, e:
            return {'okay': False, 'error': e}

def health():
    if all(check_sql().get('okay'), check_redis().get('okay')):
        return JsonResponse({'status': 200}, status=200)
    else:
        return JsonResponse(
            {
                'mysql_okay': check_sql().get('okay'),
                'mysql_error': check_sql().get('error', None),
                'redis_okay': check_redis().get('okay'),
                'redis_error': check_redis().get('error', None)
            },
            status=503
        )
```

この例では、2つのヘルスチェックを別々の関数に移し、両方をhealth()関数から呼び出しています。どちらも稼働中であると応答すれば、コードはHTTP 200を返します。しかし、どちらかあるいは両方が稼働中でないなら、HTTP 503を返します。

サービスが他のサービスに依存しているなら、このヘルスチェックの仕組みをそのチェックにも使えるでしょう。例えば、サービスが外部APIに強く依存しているなら、これをチェックしない理由はありません。

```
from django.http import JsonResponse
import requests

def health():
    r = requests.get('https://api.somesite.com/status')
    if r.status_code == requests.codes.ok:
        return JsonResponse({'status': 200}, status=200)
    else:
        return JsonResponse({'status': 503, 'error': r.text}, status=503)
```

この仕組みは読み出し専用というわけではありません。データを書き込んでテストするのも自由です。前の Redis の例を元に、書き込みのチェックがどのようになるのか見てみましょう。

```
from django.http import JsonResponse
import redis

redis_connection = redis.StrictRedis()

def write_data():
        try:
                # Redis に接続し、キーと値のペアをセット
                redis_connection.set('test-key', 'some-value')
                return {'okay': True}
        except Exception, e:
                return {'okay': False, 'error': e}

def read_data():
        try:
                # Redis に接続し、セットしたキーと値のペアを取得
                result = redis_connection.get('test-key')
                if result == 'some-value':
                        return {'okay': True}
                else:
                        return {'okay': False, 'error': 'Redis data does not match'}
        except Exception, e:
                return {'okay': False, 'error': e}

def health():
        if not write_data().get('okay'):
                return JsonResponse({'status': 503, 'error': write_data().
get('error')},
                                                      status=503)
        else:
                if read_data().get('okay'):
                        # HTTP レスポンスを返す前に古いデータを削除
                        redis_connection.delete('test-key')
                        return JsonResponse({'status': 200}, status=200)
```

```
else:
        # HTTP レスポンスを返す前に古いデータを削除
        redis_connection.delete('test-key')
        return JsonResponse(
                {
                        'status': 503,
                        'error': read_data.get('error')
                },
                status=503)
```

この例では、まずRedisのキーと値のペアを書き込み、それからそのデータを読み出しています。セットした値が一致（つまりすべてのコネクションが正常に動作）していたら、HTTP 200を返し、テストに失敗したらHTTP 503を返します。

見てのとおり、このパターンを繰り返していくとヘルスチェックは最初よりもずっと複雑になります。分散マイクロサービスアーキテクチャで、各マイクロサービスにこのパターンを広く適用すると、最終的には自分自身が正常かどうかを各サービスが把握していることになります。つまり、環境全体を自動的にテストし続けているのと同じことになります。

/healthエンドポイントが複雑すぎると、エンドポイントが問題があると知らせた時のデバッグが難しくなってしまったり、チェックすべき依存性が多いせいでエンドポイントが不必要に敏感になってしまったりすることに気づいたチームもあることに注意しましょう。高度に相互接続されたサービスがたくさんのヘルスチェックを行っているため、問題がどこにあるのか判断するのが難しくなってしまうという状況は容易に想像がつくでしょう。

エンドポイントがアプリケーション内のルーティングの1つであるべきか、全く別のアプリケーションであるべきかも、よくある質問の1つです。監視の仕組みがアプリケーションと一緒に提供されるよう、エンドポイントはアプリケーション内にあるべきです。そうでなければ、このパターンの意味がありません。

このパターンを使う時に見逃されがちな重要な点があります。それは、正しいHTTPステータスコードを使うことです。すべてが正常なら、HTTP 200を返しましょう。正常でないなら、HTTP 200以外（HTTP 503 Service Unavailableがここではよいでしょう）を返しましょう。正しいHTTPステータスコードを使うことで、応答に含まれる文字列をパースしなくても、正常動作しているかどうかを判断するのが簡単になります。

どのようにこのパターンを使うかによりますが、応答に含まれる文字列として何らかのデータを返すのも便利でしょう。私はJSONでデータを返すのが大好きですが、それ以外の構造化フォーマットでも構いません。パースするのが難しくなってしまうので、ここでは非構造化フォーマットを使うのはおすすめしません。エンドポイントの実装が比較的シンプルなら、必ずしもデータを返す必要はありません。HTTPステータスコードを返して終わりにしましょう。

**セキュリティについての懸念はあるか**

このパターンに対して、セキュリティ上の懸念があるという異論を聞いたことがあります。確かにユーザからこのエンドポイントにはアクセスして欲しくないでしょう。この問題は、Webサーバでアクセス制限をかけて、特定のソースアドレスだけがこのエンドポイントにアクセスできるようにし、それ以外からのアクセスをリダイレクトすれば解決できます。

このパターンにはマイナス面もあります。最大の問題は、シンプルなメトリクスベースのやり方（つまりプッシュベース）よりもエンジニアリング作業が多く発生することです。また、エンドポイントを継続的に監視するツールも必要です。メトリクスベースのやり方を続けてきたら、そういったツールは用意していないかもしれません。

これで/healthエンドポイントパターンを覚えました。私はこのパターンが好きですが、難しい点やハードルがあるのは確かです。個人的には、マイクロサービスを使っていなくても、アプリケーションの正常性のチェックを簡単に実行できるという点で、このパターンは便利だと考えています。

## 7.4 アプリケーションロギング

メトリクスは、アプリケーションが何をしようとしているかについてたくさんのことを教えてくれます。これは、アプリケーションの振る舞いや動作のログを取るのが重要な理由でもあります。

2章で出てきた、非構造化ログではなく構造化ログを使うことの重要性について覚えているでしょうか。サーバサイドアプリケーションのいくつか（例えばApache）

で構造化ログを使うには、少し面倒な設定が必要になる場合があります。しかし、アプリケーションからはデータ構造に直接アクセスできるので、構造化ログを送信するのは非常に簡単なはずです。JSONは単なる辞書あるいはハッシュなので、JSONを使ってログデータを構成し、選択した言語のロギングライブラリを使って出力できます。多くの言語やフレームワークには、JSON構造のログを送信するための専用ライブラリがあり、ログ送信を簡単にしてくれます（Pythonのstructlog、Railsのlograge、PHPのmonologなどがあります）。

### 7.4.1　メトリクスにすべきか、ログにすべきか

メトリクスかログかは、答えるのが難しい質問です。以下の例を考えてみて下さい。

- メトリクス：app.login_latency_ms = 5
- ログエントリ：{'app_name': 'foo', 'login_latency_ms': 5}

ちゃんとしたログ解析システムなら、このログエントリをメトリクスに変換するのも簡単でしょう。1行のログエントリは、1つのメトリクスよりはずっと多くのメタデータ（あるいは背景情報）を保持できます。

```
{'app_name': 'foo', 'login_latency_ms': 5, 'username': 'mjulian', 'success': false,
'error': 'Incorrect password'}
```

このログエントリは、前にあげたメトリクスよりずっと有益です。実際にこのログエントリからいくつかの注目すべきメトリクスを見つけられます。それなら、ログの方がはるかに確実なのになぜメトリクスにこだわるのでしょうか。このやり方がそれほど一般的でない理由は、単にツールの問題です。このようなやり方ができるツールはまだそれほど成熟していない（あるいは高価）のです。または、まだ世間一般ではまだそこに至っていないだけです。私の予想では、今から5年後にはパフォーマンス分析のためのロギングについて議論しているはずです。

さし当たって、メトリクスかログかという質問には、以下の2つの経験則が当てはまります。

1. チームにとってメトリクスで考える方が楽か、ログで考える方が楽か？
2. その問題について、メトリクスとログのどちらがより効果的か？（言い換えると、ユースケースによって考えましょう）

### 7.4.2 何のログを取るべきか

何でもかんでも全部取りましょう。

と言いたいところですが、これが常に正しいとは限りません。細かいことも含め起きたことすべてをログに書くのは、（どこにログを書き込むかによって）ネットワークあるいはディスクを飽和状態にする最悪の方法で、しかもログエントリを書き込むのに非常に長い時間をかけることからアプリケーションのボトルネックを作り出してしまうことにも繋がります。特にアクセスの多いアプリケーションではこれは非常に大きな問題になり得ます。アプリケーションが作られた目的のための処理時間よりも、ログを書き込む時間の方が長くなってしまいかねません。

**ログレベルを決めれば解決する？**

ログレベルという考え方はしばらく前からあります。（ログレベルの考え方があるログ管理の仕組みである）syslog プロトコルは、RFC 3164 として成文化されたのは2001年ですが、1980年代から存在しています。その後の RFC である RFC 5424 では、更新された点や、severity（重大度）などいくつか追加された点があります。DEBUG、INFO、ERROR などといったよく使われる重大度のレベル付けの由来がどこかと言えば、この syslog から来たものです。

Unix 系 OS の多くのデーモンは、この重大度レベルを元にして詳細さを上げたり下げたりしたログの出力をサポートしています。本番で DEBUG レベルでログを出力してしまうと、サービスから出力されるログの量が大量になってしまい、サービスが使い物にならなくなることはよく知られています。

重大度のレベル付けには問題があります。それは、すべて正常に動いている前提で重大度を付けてしまうことです。DEBUG レベルのログを必要とする問題（やりづらい難しい問題）があった時でも、（デフォルトの重大度レベルは INFO や ERROR のことが多いはずなので）ログにはその情報はないことが多いでしょう。本当に必要なデータがないということになってしまいます。
ログエントリが出力されるべき重大度レベルを決めるのはアプリケーションを作る時であり、これが問題を難しくしています。API接続失敗は重大度ERRORでしょうか、それともINFOでしょうか。しっかりした帯域制限、Exponential backoff（再送の仕組みの1つ）、リトライなどの緩和策が使われている場合はどうでしょうか。これらすべてDEBUGでよいでしょうか。
重大度のレベル付けは便利ですが、大きな注意事項も付いて来ます。賢く使いましょう。

大喜びしてロギング文をあちこちにばらまくより、ちょっと落ち着いてアプリケーションの振る舞いについて考えてみましょう。何かがおかしくなった時に、最初にする質問は何でしょうか。トラブルシューティングあるいは単なる仕組みの説明時に、あったらとても便利な情報とは何でしょうか。その質問から始めましょう。つまり、あなたが完全に理解していないシステムのログ（あるいは監視）を設定するのは無理だということです。アプリケーションを考えるのに時間を使えば、必要なログ（およびメトリクスやアラート）は自ずと明らかになります。

### 7.4.3 ディスクに書くべきか、ネットワーク越しに送るべきか

まずはディスクに書き込み、定期的に外部にデータを送る機能があるサービスを組み合わせましょう。

多くのログサービスは、アプリケーション内部から直接ネットワーク越しにログを転送する機能をサポートしています。この機能によって、ログを保存や分析のために外部に送るのが簡単になりますが、アプリケーションのトラフィックが増えるにつれて無視できない面倒なボトルネックになりがちです。ログエントリを送るたびにネットワークコネクションを張らなくてはならず、リソース使用率の点で高くつきます。

代わりに、ログをディスク上のファイルに書き込む方がよいです。定期的に（あるいはリアルタイムに近い感覚で）外部にデータを送る機能があるサービスも組み合わせられます。これによって、アプリケーションからのログ送信を非同期でできるようになり、多くのリソースを節約できる可能性があります。これは、rsyslogの転送機

能を使うと実現できます。あるいは、SaaSロギングサービスの多くは同じような処理を行うエージェントを用意しています。

## 7.5　サーバレスまたはFunction-as-a-Service

処理すべきものがある間だけ存在するサーバレスアプリケーション（以後ファンクションとします）があるとしましょう。呼び出され、ジョブを処理し、停止するだけです。総実行時間は1秒以下、あるいはそれ以下のこともあります。

現実的にこれを監視するにはどうしたらよいでしょうか。伝統的なポーリングモデルは、ポーリング間隔をそこまで短くできないので使い物になりません。

多くのサーバレスプラットフォームでは、実行時間、呼び出し回数、エラー率などある程度のメトリクスがすでに記録されています。しかし、ファンクションの中で何が起きているのかも知りたいはずです。

その答えは簡単で、StatsDを使えばよいのです。この章の最初に詳しく書いています。

また、あなたの作ったファンクションは、メトリクスやログを取得している既存のサービス（AWS S3やAWS SNSなど）をすでに活用していることも忘れないで下さい。それらの情報もチェックしましょう。

もちろん、1つや2つのファンクションを監視するのは、それを含むアーキテクチャ全体を監視するのとは違います。その場合、分散トレーシングが興味をひくはずです。分散トレーシングについても見てみましょう。

## 7.6　マイクロサービスアーキテクチャを監視する

マイクロサービスがあらゆるものを飲み込みつつあるこの世界では、優れた監視の仕組みを持つことは絶対条件になっています。マイクロサービスが3つや4つしかない場合も100（あるいはそれ以上）ある場合でも、サービス間のやり取りを理解するのは複雑になっていき、監視を難しくしていきます。

図7-2のモノリシックなアプリケーションの例を考えてみましょう。

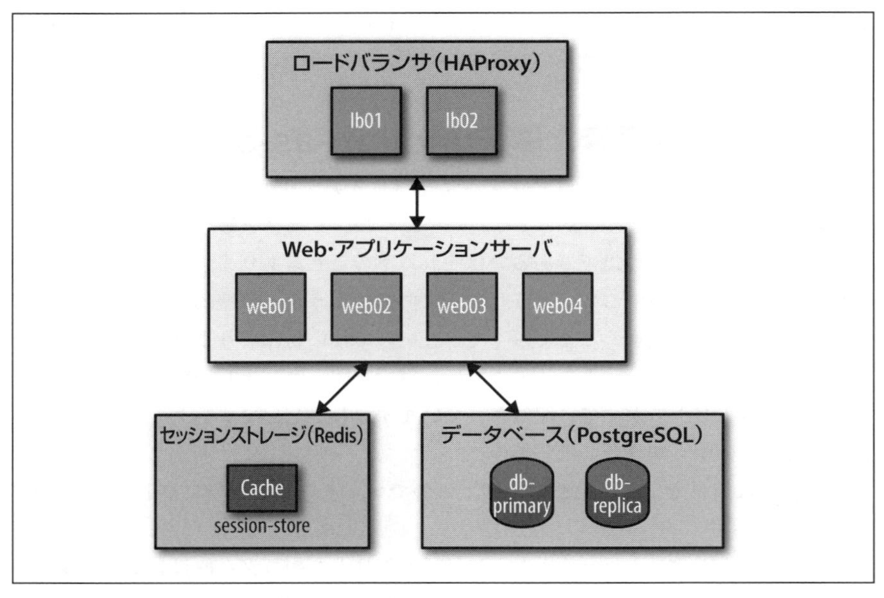


図7-2 シンプルでモノリシックなアプリケーションのアーキテクチャ

リクエストが来て、結果が出て行き、その間に何が起こるのか理解するのは簡単で分かりやすくなっています。また、モノリシックなアプリケーションは1台のサーバ上で動かなくてはならないわけではないことを思い出して下さい。この例でも、モノリシックなアプリケーションは4台のノードに水平にスケールしています。

マイクロサービス環境の場合はどうなるでしょうか。先ほどのアーキテクチャで、同じシステムが複数あり、スタンドアローンのサービスとして抽象化された状態を考えてみて下さい。そうすると、どこからリクエストが始まり、どこへ到達し、何が問題になる可能性があるか分からなくなります（図7-3）。堅牢で成熟した監視の仕組みがないと、レイテンシはマイクロサービスアーキテクチャ内に隠されてしまいます。

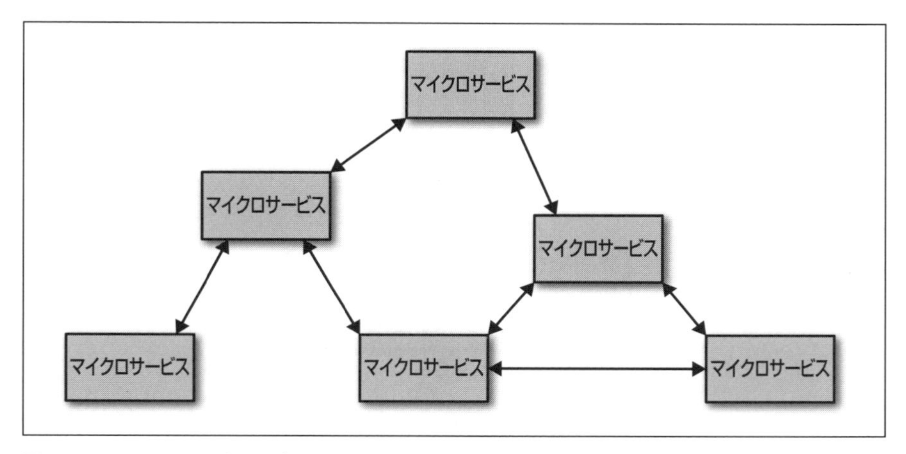


図7-3 マイクロサービスアプリケーションアーキテクチャ

マイクロサービス化することで、ユーザのリクエストに何が起きているのか理解するのが突如として難しくなります。分散トレーシングの出番です。

**分散トレーシング**（distributed tracing）とは、マイクロサービスアーキテクチャに付き物の複雑なサービス間のやり取りを監視するための方法論とツールチェーンのことです。GoogleのDapper論文で世に知られることになり、ZipkinとしてGoogle外で実装されたことで、分散トレーシングはマイクロサービスアーキテクチャを運用する人々にとって欠かせない監視コンポーネントになりつつあります。

分散トレーシングの仕組みは単純です。システムに入って来るリクエストに、一意なリクエストIDを「タグ付け」します。このリクエストIDはリクエストに付いて回り、それによってリクエストがどのサービスにアクセスしたか、各サービスでどのくらいの時間を過ごしたかが分かります。トレーシングはリクエスト全体ではなく個別のリクエストに焦点を当てており、それがメトリクスの重要な違いです（とはいえ全体の傾向を見るのにも使えます）。図7-4は、トレースの例です[†1]。

†1 トレースの例はOpenTracing Frameworkのドキュメント（https://opentracing.io/docs/）を元にしてあります。OpenTracing Projectの著作物です。

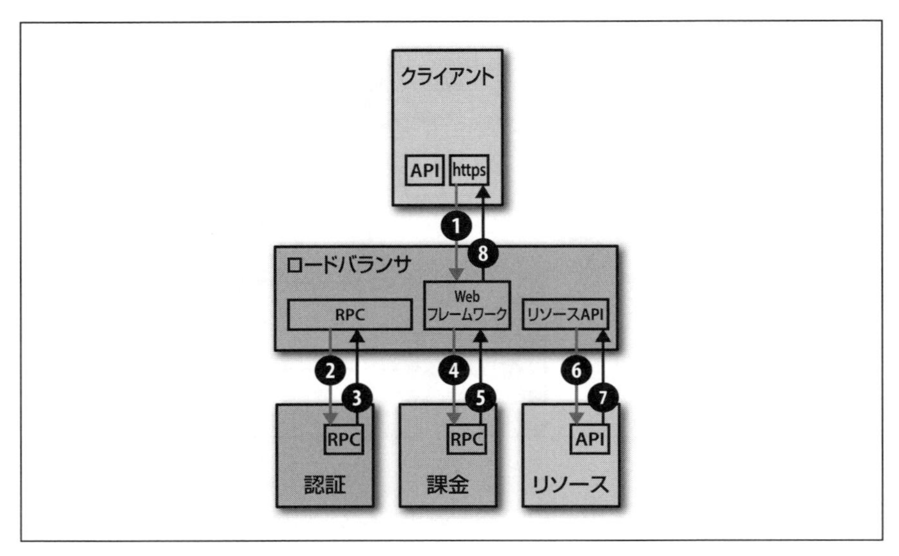


図7-4 トレースの例

分散トレーシングは、正しく実装するのは非常に難しく時間がかかる監視の仕組みであり、業界内の一部でだけ役に立つものです。分散トレーシングは根気がない人や、スタッフ不足だったり過労気味のエンジニアリングチームには向いていません。必要なメトリクスやログはすべて取得していて、それでも分散システムにおけるサービス間のパフォーマンスを把握したりトラブルシューティングをするのに困るようなら、分散トレーシングを使うべきかもしれません。または大掛かりなサーバレスインフラがある場合も、分散トレーシングを考えてもよいでしょう。しかし、メトリクスとログで効果的にアプリケーションを計測する方が、よりよい（そして手早く）結果を得られるでしょう[†2]。

## 7.7 まとめ

アプリケーション監視についてこの章で学んだことをまとめましょう。

- メトリクスとログでアプリケーションを計測するのは、アプリケーションの

†2 とはいえ、実装の複雑さがある中でもトレーシングのツールは継続的に改善されてきています。数年後にはこの警告も意味がなくなっているかもしれません。

パフォーマンスを把握し、トラブルシューティングする能力を高めるためにできる最も重要なことです。

- アプリケーションやインフラのリリースやパフォーマンスに関係することを追跡しましょう。
- 役立つアーキテクチャが限られているとは言え、/health エンドポイントパターンはなかなかよい方法です。
- 相当大規模にデプロイしているのでない限り、サーバレスあるいはマイクロサービスの監視は、他のアプリケーションと大きく違いはありません。分散トレーシングを始めるには、時間と労力をかけなければならないでしょう。

アプリケーションのコードは当然ながらどこかのサーバ上で動作し、それらサーバのパフォーマンスはアプリケーションのパフォーマンスに大きな影響を与えます。次はサーバインフラを監視する理由を見ていきましょう。

# 8章
# サーバ監視

監視の取り組みの多くがシステム管理者やOpsエンジニアのチームから始まることから、多くの人がすぐに「監視」と「システム管理者がやること」を結び付けてしまうのも不思議ではありません。しかし、サーバ上で起こること以外にも監視すべきものは非常にたくさんあるわけで、これは残念な傾向です。

とはいえ、この誤解にも正しいところはあります。それは、サーバ上では実際たくさんのことが起こる、ということです。サーバレスなアーキテクチャでも、プラットフォームを提供しそれを動かすためにサーバは存在しています。ここからは、最近のサーバ上で遭遇する一般的なサービスの種類、提供されるメトリクスやログの種類、それらを理解する方法について詳しく見ていきます。

始める前に1つ注意しておきます。この章では、私が最も詳しいというのもあって、オペレーティングシステムとしてLinuxを使うと仮定します。ここで扱うほとんどのことは、ツールは違うかもしれませんが一般的な意味においてWindowsにも適用できます。

## 8.1 OSの標準的なメトリクス

本書全体を通じて、OSの標準的メトリクス（CPU、メモリ、ロードアベレージ、ネットワーク、ディスク）への依存を厳しく批判してきました。これは、このようなメトリクスから監視を始めるのは、重要な事項（アプリケーションが動いているかどうか）と関連が弱いシグナルから監視を始めることになってしまうからです。動いているかどうかを知るためには、高いレベルから始める必要があると、2章で取り上げました。

しかし、これらのメトリクスに役立つ点が全くないというわけではありません。実際、診断やトラブルシューティングといった正しいコンテキストで使えば味方になってくれます。このような場面では、OSの標準的メトリクスは、使用可能なメトリクスの中でも強力なものの1つになります。

これらメトリクスのおすすめの使い方は、全システムで自動的に記録するようにしておきつつ、アラートは設定しないでおくことです。世の中の監視ツールは、ほとんどあるいは全く設定しなくてもこれらのメトリクスをデフォルトで収集します。したがって、どうやって取得するかよりも、その意味と使い方についてお話ししましょう。ここでの説明には、有名であなたもよく知っているであろうLinuxのコマンドラインツールを使います。

## 8.1.1 CPU

CPU使用率の監視は、あらゆるメトリクスの中でも最も簡単なものでしょう。このメトリクスは/proc/statに由来するもので、いろいろなユーティリティで対話的に取得できます。ここではtopコマンドを使ってみましょう。

```
top - 21:13:27 up 98 days, 2:01, 1 user, load average: 0.00, 0.01, 0.05
Tasks: 105 total,  1 running, 104 sleeping, 0 stopped,   0 zombie
%Cpu(s):  0.0 us, 0.0 sy, 0.0 ni,100.0 id, 0.0 wa,  0.0 hi,  0.0 si, 0.0 st
KiB Mem:    500244 total, 465708 used, 34536 free,  85104 buffers
KiB Swap:         0 total,       0 used,      0 free. 244488 cached Mem
```

3行目にCPUに関する欲しい情報である、使用率が表示されています。見てのとおり、このサーバでは100%アイドル状態（idle、id）です。使用率を判断するには、ユーザ（user、us）、システム（system、sy）、優先度付きプロセス（niced processes、ni）、ハードウェア割り込み（hardware interrupts、hi）、ソフトウェア割り込み（software interrupts、si）を足し合わせて下さい。IO待ちプロセス（iowait processes、wa）とsteal時間（steal time、st）はサービスの実行ではなく待ち時間なので、含まれません。

## 8.1.2 メモリ

使用率と未使用率がここでの重要なポイントです。メモリ使用率は、shared、cached、buffersに分類できますが、これらはすべてusedとしてまとめられます。

多くのツールは、/proc/meminfoで報告される値を元に、メモリに関するメトリクスを出力します。ここでは、同じく/proc/meminfoからデータを取得するfreeコマンドに、議論しやすくするよう値をメガバイトで表示する-mオプションを付けて使ってみます。

```
             total    used    free  shared  buffers   cached
Mem:           488     426      62      31       75      222
-/+ buffers/cache:     127     360
Swap:            0       0       0
```

この出力はよく誤解されるので、詳しく説明しましょう。1行目からは、システムには全部で488MBのメモリがあり、426MBが使用され、62MBが未使用であるように見えます。しかし、残りの列は何でしょうか。2行目はどういう意味でしょうか。

まずはbuffers（バッファ）とcached（キャッシュ）を説明しましょう。Linuxのメモリ管理では、ディスクの中で最近アクセスされた領域のファイルシステムメタデータ（ディレクトリのパーミッションや中身）は、バッファに保存されます。これは、最近アクセスされた領域の情報には近いうちにもう1度アクセスする可能性が高いので、それらをバッファに保存しておくことでアクセス時間が短くなることを期待しています。キャッシュも同じように動きますが、キャッシュは最近アクセスされたファイルのコンテンツを保存します。これらは頻繁に変更されるコンテンツが入った一時的な領域なので、これらの領域として使われているメモリ領域は、メモリを必要とするプロセスによって技術的には使用可能です[†1]。

次に2行目です。メモリが必要なら使用可能であるとした時、2行目はメモリ使用率を測定するのにより有益です。この行はusedのメモリ（からbuffersとcachedを引いたもの）とfreeのメモリ（にbuffersとcachedを足したもの）を表しています。システムにメモリを追加すべきかどうかを判断する時には、1行目ではなく2行目を確認しましょう。ツールによってはbuffersとcachedを加えてusedやfreeを出力しますが、/proc/meminfoからの値をそのまま出力し、実際のメモリ使用量を自分で計算する必要があるツールもあります。

†1　訳注：近年のLinuxではメモリの内訳が複雑化しているため、buffers、cached、freeを合計したものを利用可能なメモリ領域とみなすのは厳密には正確ではありません。そのため、カーネル3.14以降では/proc/meminfoにMemAvailableという項目が追加されており、これが正確な利用可能なメモリ領域を表しています。それに伴い、最新のfreeコマンドではavailableというカラムが追加され、この例にある-/+ buffers/cache:の行が削除されています。

3行目は見たまま、スワップを表しています。システムにスワップパーティションやファイルがある（最近のクラウドインフラではあまり一般的ではありません）なら、この値を追跡しましょう。freeなメモリが減り、スワップ使用量が増加した時のアラートは、アプリケーションがメモリに敏感な場合に、メモリ使用が増加していることを示す重要な指標になります。

メモリに関する重大な問題を監視するもう1つの方法は、ログに出力されるOOMKillerの呼び出しを監視することです。OOMKillerは、メモリ使用が増えてきた時、システムで使用可能なメモリを増やすためにプロセスを停止する役割を担っています。システムログをkilled processでgrepすれば、これを発見できます。ログ監視ツールで、OOMKillerの発生時にアラートを送る仕組みを作るのをおすすめします。OOMKillerが姿を見せたら、どこかで問題が起きているはずです。OOMKillerが停止するプロセスは予想できないのでなおさらです。

### 8.1.3 ネットワーク

サーバ上のネットワークパフォーマンスの監視は、ネットワークの監視と似ており、同じメトリクスが当てはまります。ifconfigやip（iproute2パッケージに含まれます）が広く使われていますが、これらの表示する情報はLinuxでは突き詰めれば/proc/net/devが元になっています。最低でも、インタフェイスに対するインとアウトのオクテット数、エラー数、ドロップ数を収集しましょう。これらのメトリクスがどういう意味かについては、9章を参照して下さい。

### 8.1.4 ディスク

ディスクパフォーマンスを対話的に見る方法はたくさんありますが、どの方法でも同じ/proc/diskstatsから情報を取得しています。ここでは、iostatコマンド（たくさんの素晴らしいツールと合わせてsysstatパッケージに含まれています）に、詳細情報を表示する-xオプションを付けて使ってみましょう。

```
~$ iostat -x
Linux 3.13.0-74-generic (ip-10-0-1-196) 12/03/2016 _x86_64_ (1 CPU)

avg-cpu:   %user    %nice %system %iowait %steal %idle
           0.09     0.01  0.01    0.03    0.00   99.86
```

```
Device: rrqm/s wrqm/s   r/s   w/s   rkB/s   wkB/s  avgrq-sz
xvda    0.00   0.21    0.06  0.40   1.53    3.64   22.41

        avgqu-sz    await r_await w_await  svctm  %util
        0.00        1.16  0.89    1.21     0.34   0.02
```

この出力から、ディスクはxvdaの1つだけで、ほとんどアイドル状態であることが分かります。ここではiowaitが重要なメトリクスです。これは、ディスクが処理を終えるのを待つためにCPUがアイドル状態だった時間を表します。iowaitが高い状態は避けたいところです。

iostatの下の部分は、ディスクのパフォーマンスを表しています。いくつかのメトリクスがありますが、簡潔であるという観点でawaitと%utilという最も重要なものを取り上げます。この2つのメトリクスは、ディスクのI/O待ち時間と使用率を表しています。

awaitは、ディスクが処理を行うようリクエストを発行するのにかかった平均時間（ミリ秒）です。この数字には、キューで待った時間と実際にリクエストを処理した時間の両方が含まれます。%utilは、ディスクの使用率として最も簡単に思いつくものです。この値は、100%以下に保ちたいところです。このメトリクスは、該当するボリュームがRAIDの場合、個別のディスクに対する値が分からないことから誤解を起こしがちである点に注意して下さい。

-xを付けずにiostatを実行すると、また別の非常に有用なメトリクスであるtps（transfers per second、I/O per second（IOPS）とも言う）が得られます。IOPSは、データベースサーバなどディスクを使用するあらゆるサービスにおいて重要なメトリクスです。

```
~$ iostat
Linux 3.13.0-74-generic (ip-10-0-1-196) 12/03/2016 _x86_64_ (1 CPU)

avg-cpu: %user   %nice  %system  %iowait  %steal  %idle
         0.09    0.01   0.01     0.03     0.00    99.86

Device:            tps  kB_read/s  kB_wrtn/s  kB_read   kB_wrtn
xvda              0.46     1.53       3.64    12987412  30858420
```

IOPSは、データの転送能力を増強（例えばディスクを増やす）する必要があるかを判断したり、一般的なパフォーマンス問題を特定するのに便利なメトリクスです。例えば、IOPSを追跡し続けていて、急激にIOPSが低下したのに気づいたら、ディスクパフォーマンスの問題が発生しているのか分かるはずです。

### 8.1.5 ロードアベレージ

**ロードアベレージ**（load）は、CPUに処理してもらうのを待っているプロセスがいくつあるかの指標です[†2]。ロードアベレージは、1分の平均、5分の平均、15分の平均の3つの値で表されます。

対話的にこの値を見る最も一般的な方法は、/proc/loadavgからデータを取得して来る`uptime`コマンドを使うことです。

```
~$ uptime
 19:41:21 up 98 days, 29 min, 1 user, load average: 0.00, 0.01, 0.05
```

CPUコアが1つのシステムで、ロードが1.0の場合、ぴったり1つのプロセスが待ち状態であることを意味します。一般的には、コアあたりロードが1.0なのは完全に許容範囲内です。

問題なのは、ロードの数値はシステムパフォーマンスを表しているわけではないことです。ロードが高い数値を示しているけれど、全く問題なく動いているサーバは珍しくありません。私は15分平均のロードが500を超えているWebサーバを見たことがありますが、顧客は何の問題もなくそのシステムを使えていました。1章で学んだように、何も影響がないなら、ロードが高いのは実際問題ではありません。

しかし、ロードアベレージは**代理指標**（proxy metric）として役立つという例外があります。つまり、異常に高いロードアベレージは、他の問題の存在を示すことがある（そうでない場合もありますが）という意味です。

一般的に言って、何に対してであれロードアベレージに依存することは時間の無駄だと考えています。

---

†2 ロードアベレージの詳細について、Brendan Greggが素晴らしいブログ記事（`http://www.brendangregg.com/blog/2017-08-08/linux-load-averages.html`）を書いています。

## 8.2 SSL証明書

この本を読んでいる人は、気づかないうちにSSL証明書が有効期限切れになった経験があるでしょう。最悪ですが、そんなことが起きてしまうのです。

SSL証明書の監視はシンプルです。有効期限切れまでどのくらいあるか知り、それまでに何らかの方法で通知するのが目的です。

この問題を扱うのによい方法はいくつかあります。

- ドメインレジストラや認証局（CA）の多くは、（それらの組織から購入した）SSL証明書の有効期限切れを監視し、通知する仕組みを提供しています。これが最も実装が簡単な仕組みです。これらの通知はEメールという見逃されがちな仕組みを使うことが多いのが問題点です。別の問題点は、証明書が実際に使われている場所ではなく証明書自体をチェックする仕組みであることです。ワイルドカード証明書のように複数の場所で使用する可能性のある証明書の場合は特に問題になります。アラートがメールだけで来るなら、誰かの受信箱に送るよりはチケット管理システム宛に送信するよう設定するのをおすすめします。
- SSL証明書が外部向けに使われているなら、外部のサイト監視ツール（PingdomやStatusCakeなど）で証明書の有効期限をチェックしてアラートを送ることもできます。これらのツールは私たちが必要とする柔軟性も備えていますが、外部からアクセス可能でないもの（社内サービスなど）は監視できないという短所もあります。
- 社内でたくさんのSSL証明書を使用しているなら、証明書をチェックして有効期限を知らせる何らかの社内監視ツールを作るという選択肢もあります。このためのよいツールを私は見つけられていませんが、シンプルなシェルスクリプトを定期的に実行し、監視システムやチケットシステムに通知すればうまくいくでしょう。オンプレミスの管理システムにも証明書の有効期限を監視する仕組みを持つものがたくさんあります。

## 8.3 SNMP

単刀直入に言わせて下さい。SNMPをサーバ監視に使うのはやめましょう。

SNMPの動作やSNMPを使う上での課題についての詳細は9章で取り上げますが、使うのが楽しいプロトコルではないとだけ言っておきましょう。ネットワーク機器の監視目的には使い続ける必要がありますが、サーバの監視については（ありがたいことに）その必要はありません。

ではなぜSNMPを使うべきではないのでしょうか。

- 機能を追加するにはエージェントを拡張する必要があり、しかもそれは大変です。
- ネットワーク内で、本質的にセキュアでないプロトコルを動かす必要があります。暗号化や（見かけでは）セキュリティの高いモデルを採用しセキュリティ機能が強化されていると言われているSNMPv3もありますが、十分とはとても言えません。セキュリティチームは、このプロトコルを使わないという決断に感謝するでしょう。
- メトリクスを収集するのにポーリングを行う集中型の仕組みが必要で、スケールや管理が難しくなる可能性があります。この仕組みでも問題ない場合もある（モダンな監視システムにも集中型ポーリングの仕組みを採用しているものがあります）ので、これは全く使い物にならない理由とまでは言えません。
- 簡単に設定できて拡張性の高い、もっとよい仕組みが他にいくらでもあります。

SNMPを使うよりは、collectd（https://collectd.org/）、Telegraf（https://github.com/influxdata/telegraf）、Diamond（https://github.com/python-diamond/Diamond）といったプッシュベースのツールを選びましょう。

## 8.4 Webサーバ

エンタープライズの世界にいるなら、Webサーバのパフォーマンスに関する経験は、トラフィックが少なく、シングルノードのWebサーバに限られるでしょう。しかし、Webアプリケーションの世界だと、Webサーバのパフォーマンスはアプリケーションの最も重要なコンポーネントの1つになります。この2つのユースケースで、Webサーバの監視について大きな違いはありませんが、メトリクスを見るのに必要な時間はWebアプリケーションの方が明らかに長くなるでしょう。

Webサーバにおいては、パフォーマンスとトラフィックのレベルを測る決定版のメトリクスとも言えるのが**秒間リクエスト数**（request per second［req/sec］）です。基本的には秒間リクエスト数はスループットの指標です。パフォーマンスにはそこまで致命的ではないけれど、全体の見通しの点で重要なのが、HTTPステータスコードの監視です。HTTPには、リクエストに対するさまざまなレスポンスがあります。最も一般的なのが`200 OK`ですが、他にも`404 Not Found`、`500 Internal Server Error`、`503 Service Unavailable`などがよく使われます。

表8-1 HTTPステータスコード（抜粋）

| ステータスコードのグループ | グループの意味 | よくあるステータスコード |
|---|---|---|
| 1xx | 情報 | 100 Continue |
| 2xx | 成功 | 200 OK、204 No Content |
| 3xx | リダイレクション | 301 Moved Permanently、302 Found |
| 4xx | クライアントエラー | 400 Bad Request、401 Unauthorized、404 Not Found |
| 5xx | サーバエラー | 500 Internal Server Error、503 Service Unavailable |

アプリケーションやWebサーバによっては独自のものを実装していることもありますが、全部合わせると正式なHTTPステータスは61種類（https://tools.ietf.org/html/rfc7231#section-6）あります[†3]。

これらのステータスコードは、Webサーバのリクエストログに記録されます。例として、NGINXでは以下のようになります。

```
10.0.1.52 - - [10/Dec/2016:19:41:17 +0000] "GET / HTTP/1.1" 200 24952
"http://practicalmonitoring.com/" "Mozilla/5.0 (Windows NT 6.2; WOW64)
AppleWebKit/537.4 (KHTML, like Gecko) Chrome/98 Safari/537.4" "192.168.1.50"
```

リクエストコマンド（`GET / HTTP/1.1`）とリクエストのバイトでのサイズ（`24952`）の間に、この場合は`HTTP 200`というHTTPステータスコードがあり、リクエストが成功したことを表しています。

もちろん全部のリクエストが成功するとは限りません。200でないレスポンス（例

†3 訳注：これは原文執筆時点での数です。新たに提案されたステータスコードが採用されることで増えたりすることがあります。

えば5xxや4xx）が増えているなら、アプリケーションは売上げを生んでいないのにお金を費やしている状態かもしれません。

混乱しやすいメトリクスの1つに、コネクション数があります。簡単に言うとコネクション数とはリクエスト数ではないので、コネクション数よりはリクエスト数に注目すべきです。より詳しく話すには、**キープアライブ**（keepalives）の話をする必要があります。

キープアライブを使うようになる前は、リクエストごとにコネクションを張っていました。Webサイトには、ページをロードするとリクエストされる必要のあるオブジェクトが複数あるため、閲覧するにはたくさんのコネクションを必要としていました。コネクションを開くのに完全なTCPハンドシェイクを行い、コネクションを設定し、データを転送し、コネクションを切断するという手順が必要で、1つのページをロードするのにこれが何回も行われていました。そこで生まれたのがHTTPキープアライブです。Webサーバはクライアントとの間でコネクションを切断せずに開いたままにしておき、クライアントがコネクションを再利用できるようにするのです。その結果、多くのリクエストが1つのコネクション上で行えるようになりました。もちろんコネクションを永遠に開きっぱなしにすることはできないので、キープアライブはタイムアウトで制御されます（Apacheでは15秒、NGINXでは75秒）。ブラウザ側にも**パーシステントコネクション**（persistent connection）と呼ばれるキープアライブの設定があり、ブラウザごと独自のタイムアウト値があります。モダンなブラウザはすべて、デフォルトでパーシステントコネクションを使用します。

もう1つ便利なメトリクスが、リクエスト時間です。NGINX（http://nginx.org/en/docs/http/ngx_http_log_module.html#log_format）とApache（http://httpd.apache.org/docs/current/mod/mod_log_config.html）は両方ともリクエストごとのリクエスト時間をアクセスログに出力できます。デフォルトではこの情報は含まれていませんが、ログフォーマットを変更することで出力されるようになります。

## 8.5 データベースサーバ

まず監視するのはコネクション数です。ここで注意すべきはMySQLです。この本では仕組みまでは触れませんが、MySQLはクライアントのコネクションを**スレッド**と表現します。スレッドはちょうどクライアントコネクションごとに生成されます。したがって、コネクション数を探して見つからないからといって混乱しないで下さい。他のデータベースエンジンでは単に**コネクション**として表されます。

データベースへのコネクション数が全体のトラフィックレベルを見るのにちょうどよい指標である一方で、データベースがどのくらい忙しいのかを示すとは限りません。そのため、**秒間クエリ数**（queries per second、qps）を見る必要があります。

秒間クエリ数は、サーバがどのくらい忙しいかを測る、より直接的な指標です。qpsは、アプリケーションの忙しさに応じて同期的に上下し、データベースサーバにどのくらいの負荷がかかっているかを正確に知るのにぴったりの指標です。

スロークエリはハイパフォーマンスなデータベースインフラの非常に重要な指標です。スロークエリは、ユーザの体感が遅くなるという起こって欲しくないことを知らせてくれます。スロークエリの理由にはいろいろあり、それを修正するにもさまざまな方法がありますが、スロークエリを直すにはまずそれを発見しなければなりません。スロークエリは、クエリの実行時間、実行回数、そのクエリ自体を合わせてログに出力されます。この情報を簡単にパースするツール（多くはAPMツール）もたくさんあります。

どんな規模でデータベースを動かしていても、おそらくレプリカサーバ（以前は**スレーブ**と呼ばれていましたが、多くのベンダではこの用語を避けるようになっています）を使っているはずです。レプリケーションの遅延を監視するのは重要です。1日分遅延しているレプリカに気づくのはいやでしょう。問題ない遅延がどのくらいかは、データベースサーバの設定によって決まります。

最後に、この章の最初で提示したIOPSの指標も重要です。データベースは大量の読み書きをすることから、普通はIOの速さで制約を受けます。したがって、IOPSを記録しておくのを忘れないようにしましょう。データベースのパフォーマンスが遅いのをトラブルシューティングしていたら、1時間経ってやっとディスクが壊れているせいでIOPSが下がっているのが原因だと発見するのほどうんざりすることはありません。

データベースパフォーマンスの監視とチューニングに関しては1冊の本が書けてしまいます。待って下さい、もうそんな本が存在しています。Baron Schwartzの『実践ハイパフォーマンスMySQL』（オライリー）[†4]と、Laine CampbellとCharity Majorの『Database Reliability Engineering』（O'Reilly Media）を強くおすすめします。もしあなたのデータベースインフラを深く知り、拡張性を持つようにするのに

†4　『High Performance MySQL』（O'Reilly Media）

興味があるなら、ぜひこれらを読んでみて下さい。

## 8.6 ロードバランサ

ロードバランサはHTTPトラフィックに対して使われることが多いですが、それ以外のトラフィックにも使用できます。ここではHTTPについてだけ取り上げます。

ロードバランサのメトリクスは、Webサーバのそれとよく似ており、同じような項目を追跡します。ロードバランサは、クライアントに対してはシングルノードであるように動作します。リモートのクライアントは直接やり取りしないけれど、バックエンドにはたくさんのサーバが存在しているかもしれません。そのため、**フロントエンド**と**バックエンド**の2つのメトリクスを両方取る必要があります。どちらも同じメトリクスの集合ではありますが、ロードバランサ自体の状態と、バックエンドのサーバの状態という別々の情報を知るためにあります。どちらにも注意する必要があります。

ロードバランサは、ヘルスチェックを通じてバックエンドのサーバの状態を判断する、ということを改めて言っておきます。最もシンプルなヘルスチェックは、特定のポートに対するコネクションができるかどうか（例えばポート80が応答するかどうか）です。しかし、多くのロードバランサではHTTPのヘルスチェックもサポートしているので、7章で紹介した/healthエンドポイントパターンをロードバランサのヘルスチェックにも活用できます。

## 8.7 メッセージキュー

メッセージキューは2人の「人」から構成されています。**パブリッシャ**（publisher）と**サブスクライバ**（subscriber）です（このためメッセージキューはpub-subシステムと言われることもあります）。キューの監視とは、**キューの長さ**（queue length）と**消費率**（consumption rate）を監視することです。

**キューの長さ**は、キューの中でサブスクライバに取り出されるのを待っているメッセージの数です。通常時のキューの長さは、アプリケーションの動きに依存するので、通常よりもメッセージが増えて混み合ってきているキューに注意する必要があります。**消費率**は、キューから取り出され処理されたメッセージの比率です。この指標は通常、秒間メッセージ数で表されます。キューの長さと同じく、通常時の消費率はアプリケーションの仕組みに依存します。異常値を把握して監視しましょう。

メッセージキューソフトウェアの多くは、これらの2つ以外にもたくさんのメトリクスを提供しており、関連ドキュメントを読むことで、あなたの環境で有益なもの、そうではないものを判断できます。まずはこの2つから始めれば、しばらくの間は大丈夫なはずです。

## 8.8 キャッシュ

キャッシュの主なメトリクスは、**キャッシュから追い出されたアイテム数**（evicted items）と**ヒット・ミス比率**（hit/miss ratio、またはキャッシュヒット率［cache-hit ratio］）です。

キャッシュデータが大きくなるにつれて、古いアイテムはキャッシュ領域から削除される、つまり追い出されます。追い出されたアイテム数が多いことは、新しいアイテムが入る余地がなく多すぎるアイテムが追い出されているということなので、キャッシュ容量が足りない可能性を表しています。

アプリケーションがキャッシュ上にある何かをリクエストし、それが見つかったことを**キャッシュヒット**（cache hit）と言います。同様に、アイテムがリクエストされたけれどもキャッシュ上に存在しなかった時は、**キャッシュミス**（cache miss）といいます。キャッシュの目的は、よくあるリクエストの応答速度を上げることですが、キャッシュミスはその速度を下げてしまいます。したがって、ヒット・ミス比率を監視するのはキャッシュパフォーマンスを確認するのによい方法です。理想的にはこの比率は100%になって欲しいですが、モダンなアプリケーションにはこの値は通常は現実的ではありません。

これらのメトリクスはお互いに関連しあっているので、バランスを取る必要があります。

## 8.9 DNS

DNSサーバを自分で運用しているのでなければ、特に監視すべきものはありません。自前でDNSサーバを運用している場合は違ってきます。

自前のDNSがあるなら、注意すべきことがいくつかあります。**ゾーン転送**（zone transfers）と**秒間クエリ数**（queries per second）です。

DNSの仕組みに深く踏み込まないようにしつつ説明すると、スレーブはゾーン転送によってマスタと同期するようになっています。設定によって、ゾーンの全転送

（AXFR）と増分転送（IXFR）のどちらかの転送方法を選べます。これらはログに記録され、同期の問題を特定するためには監視するべきです。同期がずれてしまったスレーブは、古い情報を提供してしまう可能性があるので、問題のトラブルシューティングがやりにくくなるかもしれません。

秒間クエリ数を監視しておくと、サーバが受けている負荷を理解する手助けになり、それはDNSサーバの重要な指標です。最低でもサーバごとにその値を記録しておくべきですが、ゾーンごとあるいはビューごとに記録できるなら、メトリクスがより細かくなるのでよいでしょう。

BINDを運用しているなら、statistics-channel（https://kb.isc.org/article/AA-00769/0/Using-BINDs-XML-statistics-channels.html）設定オプションを調べてみましょう。これを有効にすると、すべてのメトリクスを1箇所に出力できます。collectdのBINDプラグインなど、この情報を活用するツールはたくさんあります。

## 8.10 NTP

私がトラブルシュートした中でもおかしなものは、時刻同期がうまくされていなかったことが原因だったのがいくつかありました。例えば、Kerberos（LinuxやMicrosoftのActive Directoryの内部で使われている認証システム）のチケットは、サーバクライアント間が正確に時刻同期されていることに強く依存しています。アプリケーションによってはジョブの起動にシステム時間を使いますし、正確な時刻は分散アーキテクチャにおいてはトラブルシューティングの重要な側面の1つです。

NTPのシステムは複雑で難解かもしれませんが、NTPクライアントだけを運用していて、stratum 1のNTPサーバを持っていないなら、注意すべきはサーバクライアント間のドリフト（time drift）だけです。

Ubuntu 15.10以降やCentOS 7以降で使用可能なntpstatコマンドは、クライアントが正常に同期されているかどうかを知る便利なツールです。

```
~$ ntpstat
unsynchronised
   polling server every 64 s

~$ ntpstat
synchronised to NTP server (96.244.96.19) at stratum 3
```

```
time correct to within 7973 ms
polling server every 64 s
```

ntpstat コマンドのよいところは、終了コードが同期されたかどうかで変わるので、監視に使いやすいことです。0 は同期されており、1 は同期されていないことを表します。シェルスクリプトや、それより高度な何か（collectd など）を使えば、この監視は簡単にできます。

自前で NTP サーバを運用しているなら、監視しておくとよいメトリクスはたくさんありますが、一般的ではありません。NTP サーバを運用する時は、ピアと自分のサーバ間のドリフトにも注意する必要があります（ntpdateでこの情報も分かります）。

## 8.11　それ以外の企業インフラにおける監視

伝統的な企業インフラを運用している人向けに、Web ベースの環境にいると扱うことは少ないであろう 2 つの項目を取り上げます。それは、DHCP と SMTP です。

### 8.11.1　DHCP

注意すべき項目は2つあります。IP アドレスをリースした DHCP サーバと、DHCP プールが十分なリースの余裕を持っているかどうかです。

DHCP を Linux 上で運用しているなら、おそらく ISC の DHCPd を使用しているはずです。残念ながら ISC の DHCPd はパフォーマンスデータの提供方法の都合で、正しく監視するのが非常に難しくなっています。言い換えると、少々手を加える必要があります。

リース情報は、/var/lib/dhcpd.leases（パスはディストリビューションによって違う可能性があります）にあります。このファイルは新しいリースを最後に追加するので、同じデバイスに対して 2 つ（あるいはそれ以上）の同じ IP アドレスが割り当てられるように見える可能性があり（むしろそれが普通です）、その場合どれか 1 つ（最新のもの）だけが有効なものです。このファイルをパースすることで現在のリースの使用状況が分かります。リースプールのサイズについての情報を得るには、DHCPd のメイン設定ファイル（/etc/dhcpd/dhcpd.conf）をパースして、IP の範囲の大きさを知る必要があります。

### 8.11.2 SMTP

自前でメールサービスを運用しているなら、メールの監視は重要です。メールサービスは通常安定しているものですが、何かがおかしくなると1日がかりの調査になる可能性があります。

よく使われるメールサーバのパッケージはたくさんありますが、ここではどれにも共通した一般的なメトリクスを取り上げます。

外向けのメールキューは、外部への送信待ちのメールがどのくらいあるかを表します。通常時の値と関連づけてこの値を監視することで、異常値を検知しましょう。

送信あるいは受信したメールの総数（全体と受信箱ごとのどちらも）を監視すると、パターンや異常な動き（受信箱がウィルス感染しているなど）を検知するのによいでしょう。

同様に、受信箱のサイズを監視すると、どのくらいのキャパシティを用意すべきかの指標になります。全体と受信箱ごとの両方で計測することで、パワーユーザを特定し、ストレージ使用量を削減する手助けになります。

## 8.12 スケジュールジョブの監視

監視する中でやりにくいことの1つは、一見シンプルそうな、データがないことで何かがおかしくなるというスケジュールされたタスクやcronジョブを監視することです。

経験したことがあるはずです。バックアップが動いておらず、それに何日も誰も気づいていなかったことを。これが2度と起こらないように何か監視の仕組みを追加すべきなのですが……。

このようなジョブでは、成功したらメールを送信したりログにメッセージを追加したりする仕組みにすることが多いので、失敗に気づけないのです。データが存在していなければアラートを送る方法の1つが、データが存在していなかったところにデータを作成することです。

```
run-backup.sh 2>&1 backup.log || echo "Job failed" > backup.log
```

このコマンドは、スクリプトの標準エラー出力を標準出力にリダイレクトし、その両方をbackup.logに書き込むものです。このような仕組みを作るには、このスクリプトでしっかりしたエラーハンドリングを行う必要があります。その次が魔法のような部分です。run-backup.shが完全に失敗すると、Job failedがbackup.logに書き込まれるのです。

Job failedがログに記録されたら、それをログ管理システムに送り、それに対してアラートを設定しましょう。

何らかの理由によって、データが存在しない状態を存在する状態に変えられない場合などには、この仕組みはうまくいかないかもしれません。やりたいのは、データが存在していないことを検知することです。このような場合の解決策は、**デッドマン装置**（dead man's switch）[†5]として知られています。これは、何らかの仕組みがアクションを止めるように指示するまではあるアクションを行う、という仕組みです。

シェルスクリプト（http://blog.mcglew.net/2012/09/dead-mans-switch-on-linux-part-1-basic.html）でシンプルにこれを実装できます。

```
#!/bin/sh

# 時間（秒）
TIME_LIMIT=$((60*60))

# 最終更新時刻を保持するための状態ファイル
STATE_FILE=deadman.dat

# 状態ファイルの最終アクセス時刻（Unix 時間）
last_touch=$(stat -c %Y $STATE_FILE)

# 現在時刻（Unix 時間）
current_time=$(date +%s)

# 発動までの残り時間
timeleft=$((current_time - last_touch))

if [ $timeleft -gt $TIME_LIMIT ]; then
  echo "Dead man's switch activated: job failed!"
fi
```

†5 https://ja.wikipedia.org/wiki/デッドマン装置

このスクリプトは使い方もシンプルです。このコードを自分のcronジョブに追加し、前述のcronジョブを以下のように書き換えます。

```
run-backup.sh && touch deadman.dat
```

状態ファイルが一定の時間（この例だと1時間）よりも古かったら、デッドマン装置が自動的に実行されます。

この実装はそのまま本番に使えるものではなく改善が必要ですが、基本的なアイディアは理解できるでしょう。

おまけとして、これと似たことをあなたの作業なしに実現してくれるホステッドサービスが存在しています。Googleで「cron job monitoring」で検索すれば、多くの選択肢が現れるはずです。

## 8.13 ロギング

ロギングは3つの別々の問題として考えられます。ログの収集、ログの保存、そしてログの分析です。

### 8.13.1 収集

私は、ログの場所をsyslogで管理しているものとそれ以外にグループ化したくなります。

ログがsyslogデーモンで管理されているなら、ログを別のサーバに転送するようsyslogデーモンを設定できます。詳しい方法は、syslogデーモンのドキュメントを参照して下さい。

**Syslog転送：UDP vs TCP**

syslog転送にUDPを使うべきか、TCPを使うべきかは、今も議論が継続中です。UDPを支持する人は、応答確認（acknowledgment）が不要で、完全にサーバがクラッシュしてしまう寸前まで「最期の言葉」を送れると言います。TCPを支持する人は、暗号化（TCPにはTLSが必要です）やログエントリの送り損ねがないことの保証ができると言います。

私は以下の理由からTCPをすすめています。

1. ほとんどの環境では、「最期の言葉」はあまり有益ではありません。将来あるかもしれない問題ではなく、目前の問題の解決に集中しましょう。
2. メッセージが消えてしまうのは困ります。また、SaaSログ管理の仕組みを使うなら、syslogの暗号化は難しくありません。

ログがsyslogで扱われていないなら、2つの選択肢があります。

1. ログを出力するものすべての設定を変更して、ログをsyslogに送るようにする。
2. syslogの設定を変更して、ディスク上のファイルをsyslogに取り込むようにする。この時点で、ログは実質的にsyslogデーモンで管理されていることになり、他のsyslogエントリと同じように転送されます。

使用しているツールがsyslogで管理していないログファイルの収集をサポートしているなら、そのツールで推奨されている仕組みを使っても問題ありません。その仕組みには何の問題もありませんが、ログの取り込み方と送り方には一貫性があるべきです。

### 8.13.2 保存

ログを収集したら、次はそれをどこかに送りましょう。昔は、シンプルなsyslog受信サーバである中央ログサーバにすべてのログを送り、Unix系OSで標準的なツール（例えばgrepなど）でログを検索していました。これはログを検索しにくいという点で次善の策でした。この方法でログを保存すると、たいていの場合は誰もログを見ず、活用することもありません。

ありがたいことに、今日ではログを保存し分析するための素晴らしいツールがたくさん利用できるようになっています。ここではこれらのツールをSaaSとオンプレミスの2つのカテゴリに分けてみましょう。

すでにお分かりのように私はSaaS監視ツールの支持者です。よく知られていて機能豊富なオンプレミスのツールもたくさんあります。ここでは特定の製品を推奨することはしません（検索してみれば、よい選択肢がたくさん見つかるはずです）。ここで重要なのは、2度と見られることはないので、ログをsyslogサーバに送ってはいけないということです。その代わり、ログを活用して価値を得られるしっかりしたログ管理システムに送りましょう。

### 8.13.3 分析

必要なログをすべて収集し、どこかのログ管理サービスに送りました。素晴らしい！ では次はどうしましょう。

ログを送る仕組みはできたわけですから、それを活用する時です。ログを分析しましょう。

ログの分析は残念ながら単純ではありません。ある面だけを見れば、何らかの文字列をgrepするシェルスクリプトが使えるでしょう。一方で、コンテンツに対してたくさんの統計的分析を行うSplunkのようなツールもあり、それらの中間に位置するものもあります。

ログからはたくさんの興味深いことが分かり、その多くはあなたのインフラ次第です。まず始めに、以下の項目のログを取り、注意を払うことをおすすめします。

- HTTPレスポンス
- sudoの使用
- SSHログイン
- cronジョブの結果
- MySQLやPostgreSQLのスロークエリ

ログの解析は、Splunk、ELKスタック[†6]、あるいはそれ以外のSaaSツールであれば、どのツールを使うかの問題である場合が多いです。ログデータを分析して扱うには、ログアグリゲーションツールを使うのを強くおすすめします。

†6 訳注：全文検索システムElasticsearch、ログ管理ツールLogstash、ダッシュボードツールKibanaの頭文字であり、それらを組み合わせたログ解析の仕組みのこと。

## 8.14 まとめ

なんという章でしょう。本章では以下のトピックをすべて扱いました。

- 標準的なOSメトリクスはアラートを送るのにには適さないことがある理由と、それらの効果的な使い方。
- Webサーバ、データベースサーバ、ロードバランサなどといった、よく使うサービスの監視方法。
- サーバの観点からのロギング。

サーバは、依存するネットワーク以上の信頼性を持つことはできません。次は、変わり者のSNMPとネットワーク監視の世界へ飛び込んでいきましょう。

# 9章 ネットワーク監視

ネットワーク監視は、私の中では特別な位置を占めています。テクノロジ分野で最初の仕事を始めてから、私はネットワークの仕組みに魅了されました。そして、すぐに監視の重要性に気づきました。配線箱からある古い機器を取り外そうとしている時、危なっかしく机の上に置かれていたスイッチから、誤って電源ケーブルを抜いてしまいました。皆すでに家に帰った後だったので、翌日の朝、たくさんの人がメールをチェックできなくなるまで気づかれませんでした。私はこの問題を急いで解決した後、「ネットワークスイッチ　監視」のような単語で検索し、Nagiosをセットアップしました。それから私は虜になったのです。

それ以降システム管理者として何か所かで働きましたが、私はまたネットワークエンジニアリングとネットワーク監視の世界に引き寄せられました。その間学んだのは、ネットワークの動きやパフォーマンスは、そこに依存するいろいろなものの動き、つまり今日ではあらゆるものの動きとパフォーマンスの基礎になるものだということです。ネットワークがスリーナインの可用性（99.9%）を維持する能力しかないなら、アプリケーションがフォーナイン（99.99%）を実現することはできないでしょう。ネットワークの可用性を上げることは、ネットワークに依存するものを改善するための「てこ」であると言えます。

ネットワークは、テクノロジの世界に残された数少ない「黒魔術」の1つです。ネットワークは、理解していない人が多いにもかかわらず、私たちが行うあらゆることの非常に重要なコンポーネントです。この章は、ネットワークエンジニアにとってはすでに知っていること（願わくばすでに実行済みのこと）の復習になるでしょう。ネットワークの世界にありがちなことですが、システム管理者、DevOpsエンジニア、ソフトウェアエンジニアといった人たちは、ネットワークに関する基本的な知識だけで、軽いネットワークエンジニアリングを行う傾向があります。ネットワークエンジニアに再教育コースを提供しつつ、そうでないエンジニアにはネットワークを正しく監視する方法を伝えるのが、私の目標です。

## 9.1 SNMPのつらさ

あなたがシステムあるいはソフトウェアの分野から来たなら、ネットワーク監視はあなたを石器時代に戻ったような気分にさせるはずです。ネットワークパフォーマンスの監視における最大の課題は、SNMPを使わなければならない[†1]という1点に尽きます。

SNMP（Simple Network Management Protocol）は、リリースされた時にはシンプルで革命的なプロトコルでしたが、今となっては難解でわずかな人にしか理解できないものです。しかし残念なことに今あるのはそれなので、ここから詳しく見ていきましょう。

### 9.1.1 SNMPとは

SNMP（https://tools.ietf.org/html/rfc1067）は、デバイスを監視し管理することを目的に、1988年にRFC 1067で提案されたプロトコルです。SNMPはさまざまなことを監視し管理するようデザインされ、ネットワークデバイスはもちろんサーバの監視にも多く使われました。企業の古い環境では、サーバでSNMPを使うのはいまだによくあることです（これがよくないやり方であることは8章で取り上げました）。

システム管理とソフトウェアエンジニアリングの世界が監視と管理に新しい方法を継続的に取り込んで来た一方、ネットワークデバイスのベンダはそうしては来ませんでした。間欠的な取り組みはあり、collectdのようなサーバ管理で普及しているツールをサポートしているベンダもあります。しかし全般的に見れば、ネットワークデバイスに対してはSNMPを使い続けることになります。この状況はゆっくりと変わりつつありますが、SNMPでない何かが普及するまでにはまだしばらくかかりそうです。

---

†1 公平に言えば、これは**完全に**正しいとは言えません。多くのネットワーク機器ベンダは、内部的にはサーバのように見えるようデバイスをデザインし、SNMPの代わりに標準的なサーバ監視ツールを使えるよう、素晴らしい仕事をしています。とはいえ、多くの会社が古い機器を使い続けているのと比較して、そういった機能の市場への浸透率はまだ低い状態です。SNMPはまだしばらく使われ続けるでしょう。

## 9.1.2　SNMP の仕組み

SNMP は、ポート 161 と 162 を使う UDP ベースのプロトコルです。**ポーリング**（デバイスに対するインバウンド）はポート 161 で行われ、**トラップ**（デバイスからのアウトバウンド）にはポート 162 が使われます。ここでは両方を扱います。SNMP の振る舞いを定義する RFC はたくさんありますが、あまり重要ではありません。興味があるなら、IETF.org で SNMP を検索してみましょう[†2]。

SNMP の通信には、**エージェント**と**マネージャ**という 2 つの考え方があります。エージェントは情報を取得したいデバイス、マネージャは情報を受け取るデバイスです。エージェントは、情報を問い合わせたいネットワークデバイスの OS 上で動くプロセスですが、この章の目的のために、ここではネットワークデバイスがエージェントであると考えます。エージェントから情報を受け取るあらゆるものはマネージャであり、データセンタにあるサーバなのかノート PC なのかを問わず、SNMP で情報を問い合わせるデバイスです。Windows、Linux、OS X はいずれも SNMP クライアント（マネージャ）またはサーバ（エージェント）として使用できる機能が備えられています。

エージェントは、**オブジェクト ID**（OID）で構成されるツリー状の表記のデータを提供します。OID は、`.1.3.6.1.2.1.1.1.0` のような整数の列で表されます。なお、先頭の `.` はオブジェクトツリーのルートを表します。OID は、数字の羅列よりずっと覚えやすいテキスト表記でも表現できます。先に挙げた OID を変換すると、`sysDescr.0` になります。

Management Information Base ファイル、一般的に MIB と呼ばれるファイルを使うことでこの変換が行われます。MIB はフラットなファイルとして SNMP マネージャのディスク上に保存されており、データのテキスト表現に対する数字の OID のマッピングを含んでいます。これらのファイルは、SMI と呼ばれる ASN.1 という表記のサブセットで表現されています。この表記は複雑で理解には時間がかかりますが、99% の人は気にする必要はありません。SNMP クエリが実行されると、マネージャのツールは OID を透過的に変換しようとします。その結果、数字表記でもテキスト表記でも SNMP のクエリを実行でき、しかも変換がうまくいけば応答は OID を変換した後のものになります。

---

†2　訳注：RFC を検索するなら `https://www.rfc-editor.org/` の方がよいでしょう。

よくある誤解を解くために、OIDとMIBをちゃんと区別させて下さい。OIDはある情報のツリー内での位置です。一方、MIBは数字表記のOIDをテキスト表記に変換します。エージェントや与えられたOIDから情報を取得するのに、MIBは必須ではありません。

SNMPはデータを問い合わせるのに使われることが多いですが、**トラップ**もサポートしています。SNMPトラップは、イベントのログを取るのによいと言われています。トラップは、イベントが発生した時にデバイスから発信され、トラップが送られるように設定したところへ送られます。経験上、SNMPトラップのデータはデバイスのsyslogにも記録されるので、トラップは無効にしてしまうことが多いです。もしトラップを使いたいなら、この点を考慮して設定したログサーバに送信することをおすすめします。SNMPのハンドリングに商用ソフトウェアを使用している場合、そのソフトウェアでの指示に従って下さい。オープンソースのものを使用する場合、net-snmpパッケージに含まれるsnmptrapdがおすすめです。net-snmpのドキュメントを見れば、設定手順が書いてあります。

SNMPエージェントには、実装の標準は存在しません。多くのベンダはいろいろな度合いでRFCに準拠しようとしているものの、各ベンダが好きなように実装しています。SNMPエージェントが実装する必要のあるオブジェクトのリストは存在していませんが、多くのベンダは最低でもsysDescr.0（デバイスに関する説明、通常は型とモデル）は実装しています。

それぞれ少しずつ機能の違う、複数のバージョンのSNMPが使われています。

**バージョン1**

バージョン1は1988年に発表されました。**コミュニティ名**（community string）という、実質的にはパスワードとなる文字列を使うことでセキュリティが実現されていました。コミュニティ名は、ネットワーク越しに平文として送られていました。v1の特筆すべき点は、カウンタオブジェクトが32ビットしかなく、変更頻度の高いカウンタ（例えば高速なネットワークリンクなど）だとすぐに「ラップ」されてしまいました。つまり、最大値に到達すると0にリセットされてしまっていたのです。今日におけるネットワークリンクのほとんどでは、カウンタはたった数分で複数回ラップされてしまいます。しかもそれはポーリングの間に起こるかもしれず、変化量にひどい歪みを与えてしまいます。

**バージョン2**

1993年に発表されたバージョン2では、バージョン1での問題がいくつか解決されました。中でも注目すべきは、32ビットカウンタのラップ問題を解決するため、64ビットカウンタのサポートが追加されたことです。バージョン2では、「バルクリクエスト」という大量のOIDを一度にリクエストできる機能と、新しいユーザベースのセキュリティモデルが追加されました。ユーザベースのセキュリティモデルは、結局広く使われることはなく、バージョン2cがすぐに発表されました。バージョン2はあまり広く使われず、ベンダの多くはバージョン2cを実装し、それをバージョン2と呼んでいます。

**バージョン2c**

1996年に発表されたバージョン2cでは、コミュニティ名によるセキュリティに戻りました。「v2c」とも呼ばれるこのバージョンは、最も一般的で広く使われています。

**バージョン3**

2002年に発表されたバージョン3は、SNMPの最新バージョンです。改善されたユーザベースのセキュリティモデルや、暗号化、その他の機能拡張が取り入れられました。発表から10年以上たつにもかかわらず、いくつかの小さなベンダはいまだにv3をサポートしていませんが、メジャーなネットワークベンダのほとんどはv3を完全にサポートしています。

### 9.1.3 セキュリティについて

SNMPは本質的にセキュアでないプロトコルです。コミュニティ名は平文で送られてしまいます。さらに、機密情報（ホスト名や電話番号など）を含んでいるかもしれないリクエスト、レスポンスも平文で送られてしまいます。SNMP v3ではリクエストやレスポンスを暗号化したり、ユーザベースのセキュリティモデルを適用したりしてこれらの問題を解決しようとしていますが、v3を使うとネットワーク機器の負荷が増えてしまったり、そもそもサポートされていなかったりします。

一般的に言って、SNMPをセキュアにする最適な方法は、インフラにセキュリティの仕組みを組み込み、セキュアでないプロトコルをその上で使う予定であるのを理解することです。その手段としては、アーキテクチャに管理ネットワークを作り、そのネットワーク上にあるインタフェイスだけでSNMPの問い合わせが発生するようにしてしまうのがよいでしょう。守られていないネットワークでSNMPを使うのはおすすめできません。

ほとんどのネットワークデバイスのOSは、デバイスが高負荷の時にはSNMPエージェントの処理の優先度を下げるので、SNMPクエリが遅くなります。残念ながら実際には、デバイスが高負荷の時がまさにそのデバイスのことを知りたい時であり、その逆ではありません。人生そんなものです。

### 9.1.4 SNMPの使い方

ネットワーク監視パッケージの多くにはSNMPを使用する機能が含まれており、ネットワークインタフェイスのような一般的なオブジェクトに対しては、あらかじめクエリやダッシュボードがある場合も多いです。したがって、ここではそれについては触れません。その代わり、新しいクエリを作ったりトラブルシューティングする際に役立つよう、コマンドラインからSNMPを使う方法を取り上げます。ここではLinuxあるいはOS X向けに書きます。Windowsユーザには申し訳ないですが、違いは自分で調べてみて下さい。

#### Linuxでのインストールと設定

ディストリビューションのパッケージマネージャを使って、`net-snmp`パッケージをインストールして下さい。DebianやUbuntuでは以下のとおりです。

```
apt-get install snmp
```

Red HatやCentOSでは以下のとおりです。

```
yum install net-snmp net-snmp-utils
```

`net-snmp`をインストールしたら、MIBが必要になります。DebianやUbuntuでは、別のパッケージをインストールするとMIBのコレクションが使用できます。

```
apt-get install snmp-mibs-downloader
```

インストール後、rootユーザで以下のコマンドを実行して下さい。

```
download-mibs
```

最後に、/etc/snmp/snmp.confを編集して、mibs +ALLとファイルに書き込んで下さい。Red HatやCentOSでは、MIBはパッケージに含まれています。

## macOSでのインストールと設定

homebrewを使って、net-snmpパッケージをインストールして下さい。

```
brew install net-snmp
```

このパッケージをインストールすることで、ツールやMIBが自動で設定されるので、追加で設定する必要はありません。

## テスト

SNMPエージェントが動いていることを、マネージャから以下のコマンドを実行してテストできます。

```
snmpstatus -c <コミュニティ名> -v 2c <ホスト名>
```

MIBによる変換は以下のコマンドを実行してテストできます。

```
snmpget -c <コミュニティ名> -v 2c <ホスト名> sysDescr.0
```

このコマンドを実行すると、以下のような応答があるはずです。

```
SNMPv2-MIB::sysDescr.0 = STRING: <文字列>
```

うまくいかない場合は以下のようなエラーが返ります。

```
sysDescr.0: Unknown Object Identifier (Sub-id not found: (top) -> sysDescr)
```

エラーが表示されたら、/etc/snmp/snmp.confの設定が正しいかどうかと、MIBパッケージをインストールしたかどうかを確認して下さい。

## net-snmp

net-snmpツールには、いろいろな用途向けのいくつかのコマンドラインユーティリティが含まれています。いちばん便利なのは、snmpgetとsnmpwalkです。

snmpgetは単一のOIDを取得し、snmpwalkはOIDのツリー全体を一覧表示します。複数のネットワークインタフェイスを持つデバイスを例に考えてみましょう。

```
~$ snmpwalk -c <コミュニティ名> -v 2c <ホスト名> IF-MIB::ifDescr
IF-MIB::ifDescr.1 = STRING: lo
IF-MIB::ifDescr.2 = STRING: Red Hat, Inc Device 0001
IF-MIB::ifDescr.3 = STRING: Red Hat, Inc Device 0001
```

この例では、ifDescr表を「歩き回る（walk）」ことで、SNMPエージェントが知っている各ネットワークインタフェイスの一覧を表示しています。OIDの最後の数字はインデックスと呼ばれ、SNMPにおける重要な考え方の1つです。sysDescrのように1つしかアイテムを持たないOIDの場合、インデックスは0です。なお、sysDescrのOIDは.1.3.6.1.2.1.1.1.0で、これがsysDescr.0に変換されます。ツリー内に1つのアイテムしかない場合は、SNMPマネージャのツールは自動的にそのアイテムを返します。しかし、複数のアイテムを含むOIDを取得しようとした時の動作は違っていて、しかも少し誤解を招く恐れがあります。

```
~$ snmpget -c <コミュニティ名> -v 2c <ホスト名> IF-MIB::ifDescr
IF-MIB::ifDescr = No Such Instance currently exists at this OID
```

これは、OIDを歩き回った（walkした）時に見たものとは違います。その理由は、このOIDは**表**になっており、アイテムの集合なのです。OIDが表なのか1つのアイテムなのかを予測するのは難しい場合もありますが、正解に近そうなものを選んで下さい。普通は、複数のアイテムが裏に隠れていそうなものは表と考えてよいでしょう。

ifDescrの2番目のインデックスを取得した時の動作を見てみましょう。

```
~$ snmpget -c <コミュニティ名> -v 2c <ホスト名> IF-MIB::ifDescr.2
IF-MIB::ifDescr.2 = STRING: Red Hat, Inc Device 0001
```

完璧です。これでネットワークインタフェイス表からアイテム1つを取り出せました。

net-snmpには、他にも便利なコマンドがあります。snmpstatusは、いくつかのOIDに問い合わせを行うので、SNMPが動作しているかをテストするのに便利です。snmptranslateは、デバイスに問い合わせせずに、与えられた数値表現のOIDを文字列表現に変換します。man snmpcmdを実行すると、使用可能なオプションやコマンドがすべて確認できます。

## ベンダのMIBのインストール

マネージャマシンには、間違いなくベンダの提供するMIBを入れておく必要があるでしょう。やり方は簡単です。どこかに（どこでもよいです）ディレクトリを作り、/etc/snmp/snmp.confのmibs +ALLの行の前に、**mibdirs <MIBのディレクトリへのパス>**を追加すればよいだけです。このディレクトリにベンダからのMIBファイルをすべて入れておけば、SNMPが自動的にそれらを取得します。

net-snmpクライアントはMIBのディレクトリを再帰的には検索しないので、MIBのディレクトリの中にベンダごとのディレクトリを作ってその中にベンダごとのMIBファイルを入れ、各ディレクトリを別々にmibdirとして以下のように設定する必要があります。私もそうしています。

```
mibdirs /opt/vendor-mibs/cisco /opt/vendor-mibs/juniper /opt/vendor-mibs/avaya
```

## うん、いいね。でもどのOIDを監視すべきなの？

聞いてくれてありがとう。

これというのはありません。この本が印刷される時までに時代遅れになってしまわずに、そのリストを渡すのはおそらく無理です。SNMPの仕組みや、net-snmpコマンドラインツールの使い方を教えることで、エージェントがサポートするOIDを皆さんが自分で探せるようにしたつもりです。新しいデバイスを使うことになったら（あるいは古いデバイスのファームウェアをアップデートしたら）、OIDをひととおり見て、必要なデータを探す必要があることが分かるはずです。

SNMPについては理解したので、ビジネスの話に進みましょう。何を、なぜ監視するべきでしょうか。

### 9.1.5 インタフェイスのメトリクス

インタフェイスという、分かりやすいものから始めましょう。

ネットワークパフォーマンスは、いくつかの要素に分けることができます。**帯域幅**（bandwidth）、**スループット**（throughput）、**レイテンシ**（latency）、**エラー**（errors）、**ジッタ**（jitter）です。

**帯域幅**

ある接続から一度に送れる理論上の最大情報量です。ネットワークリンクのキャパシティだと考えて下さい。この値は秒間ビット（bits per second、bps）で表されることが多く、秒間メガビット（Mbps）、秒間ギガビット（Gbps）も多く使われます。秒間メガバイト（MBps）や秒間ギガバイト（GBps）と混同しないようにして下さい。

**スループット**

ネットワークリンクの実際のパフォーマンスであり、秒間ビットで表されます。プロトコルと送信のオーバーヘッドにより、スループットはリンクの帯域幅より小さくなります。例えば、MTUが1,500バイトのEthernetリンクでは、Ethernet、IP、TCPのカプセル化のオーバーヘッドのため、TCPストリームの最大スループットは帯域幅の95%に制限されます。さらにカプセル化を行うと（例えばMPLSなど）、さらに効率は下がります。テストしてみたらスループットが帯域幅の60%しか出なかった、という場合はどこかになんらかの問題を抱えている可能性があります。

リンクのスループットを監視するのは、リンクの性能を最大限に活用しているかを確かめるのに重要です。IF-MIB MIBを使ってオクテットを記録してリンクの最大値と比較するだけでは、その時点のスループットを計測しているだけなので不十分です。

その代わり、テストを実行する必要があります。このようなテストにはiperf2（`https://github.com/esnet/iperf`）のようなツールを使うか、ネットワークパフォーマンスをテストするためのテストスイートとしてInternet2のメンバーが作ったbwctl（https://software.internet2.edu/bwctl/）パッケージを選びましょう。テストを自動化してその結果を記録し続けていたら、なおよいでしょう。ネットワーク内に戦略的にテスト用エンドポイントを置いておくことで、致命的なネットワークリンクパフォーマンスの問題に目を光らせておけます。
本来ならもっとスループットが得られるのではと疑わしい場合は、いくつかのエラー数を確認しましょう。パケットのドロップ（drops）とオーバラン（overruns）は、ネットワークリンクの帯域がいっぱいになっている可能性を表します。また、コリジョン（collisions）は（全二重の接続で）デュプレックスが一致していない可能性を示します。もちろん、物理的な問題もパフォーマンスに影響を及ぼすので、それも確認するのを忘れないようにして下さい。

混乱することに、サーバ管理者は帯域幅やスループットを秒間バイト（Bps）で話すのに、ネットワークエンジニアは秒間ビット（bps）で話します。チーム間で話をする時は、このコミュニケーションのハードルを意識しましょう。bpsを8で割ればBpsに、Bpsに8を掛ければbpsに、簡単に変換できます。

### スループットを計測する

スループットを計測する方法は主に2つあります。SNMPのカウンタか、iperf2のようなツールです。SNMPのカウンタを使用するなら、オーバーヘッドも自動的に考慮されますが、iperf2では考慮されません。どちらが悪いということはないのですが、SNMPカウンタとiperf2で違う値が出る可能性に注意して下さい。

**レイテンシ**

パケットがネットワークリンクを通じてやり取りされるのにかかる時間です。低い方がもちろんよいですが、レイテンシにも電気（またはファイバケーブルの場合は光）が通る速度という物理的な制限が存在します。
高レイテンシに耐性が低いアプリケーションの場合、レイテンシが高いとユーザエクスペリエンスに大きな影響を与えます。私の好きな2点間のレイテンシの監視方法は、iperf2 または smokeping（https://oss.oetiker.ch/smokeping/）を使って定期的に計測を行うことです。これらのツールを備えたサーバをインフラ内に注意深く配置すれば、レイテンシに関するグラフやアラートを見られるようになります。

**エラー**

ここでいうエラーとは、送受信エラー（Rx/Tx errors）、ドロップ（drops）、CRC エラー（CRC errors）、オーバーラン（overruns）、キャリアエラー（carrier errors）、リセット（resets）、コリジョン（collisions）です。ネットワークデバイスを確認して、これらの情報がどのように提供されるのかを確認しましょう。ベンダによっては、これらの情報を全く提供していない場合もあります。

普通は、送受信エラーは IF-MIB SNMP テーブル内でデフォルトで提供されますが、エージェントの実装によっては、それ以外のエラーメトリクスを含むこともあります。通常送受信エラーはエラーメトリクスを合計したものなので、何かに問題があるのは分かっても、何が悪いのかを判断するにはあてになりません。診断やアラートの用途には、特定用途のエラーカウンタがずっと役立ちます。他のメトリクスが存在しているなら、私は送受信エラーは無視するようにしています。

最も一般的な監視すべき項目は、物理的問題です。電気的干渉、送受信機やケーブルの欠陥は、すぐにネットワークのパフォーマンスを低下させてしまう可能性があります。このような問題は、CRC エラーとキャリアエラーから監視できます。ネットワークでファイバを使っているなら、光のレベルの監視も非常に重要です。

**ジッタ**

あるメトリックの、通常の測定値からの狂いのことです。ネットワークの世界では、ジッタはレイテンシに関して使われることが多いです。例えば、レイテンシが 1ms、150ms、30ms と揺れ動くなら、ジッタが大きい例だと言えます。一方で、ずっとレイテンシが 3ms なら、ジッタは全くない状態です。対話的な音声インフラでは、音や画像が壊れたり途切れ途切れになる原因になるため、ジッタは重要になります。レイテンシを監視し、一貫しているかどうかをチェックすることで、レイテンシのジッタに注意しておきましょう。

私はたとえを使うのが好きなので、ここに挙げた要素をたとえを使って説明しましょう。考え方は次のようになります。

片側4車線の高速道路を考えて下さい。車線の数が帯域幅です。車線を増やせば帯域幅が増えますが、それによってある一定時間内にその高速道路をとおり過ぎる車の数、つまりスループットが上がるとは限りません。

レイテンシは高速道路の長さです。高速道路をとおり過ぎるのにかかる時間は、高速道路の車線数とは関係ありません。

衝突事故から誰かが車を不意に止めることに至るまでのあらゆる問題がエラーで、渋滞を引き起こします。ジッタは、通常時に高速道路をとおり過ぎるのにかかる時間で、もしその時間を推測できないなら、高ジッタであると言えます。

高速道路がいつも車でいっぱいなら、A地点からB地点にたどり着くには長い時間がかかります。エラーがある（ゆっくり走ったり事故があったり）なら、車線を増やしてこれを解決することもできますが、それにも限界があります。金に糸目をつけずに高速道路をとても広くするしかありません。全くエラーがなく、車はスムーズに動いている場合もあるでしょう。そんな時は、完璧な活用ができているということになります。

### 9.1.6 インタフェイスとログ

デバイスのsyslogも、インタフェイスが何をしているかについての情報を持っています（構成管理ツールを使っているならそれでこの手の情報を取得することもできます）。次のようなイベントが役に立つでしょう。

- トランクポートへの変更
- ポートのerr-disabledへの変化
- リンクアグリゲーションされたインタフェイスのバンドル化またはアンバンドル化

### 9.1.7 SNMPに関するまとめ

私の経験則では、アップリンクとサーバに使われているインタフェイスを監視してアラートを送るようにすべきです。（デスクトップやラップトップに接続されている）

アクセスポートの監視については、必要性を感じるかどうかでお任せします。しかし私は普段はアクセスポートは無視します。監視にとってノイズやフラッピングが多く、あまり有用な情報が得られないからです。また、アグリゲーションされたポートも忘れずに監視しておくのがよいでしょう。

## 9.2 構成管理

ネットワークデバイスの設定変更を追跡するのは、インパクトが大きい取り組みの1つです。ネットワークで何か問題が発生して、その原因が先週誰かが行った変更が原因で、しかも誰もそれを知らなかった、という障害は何回起きたことがあるでしょうか。

RANCID（http://www.shrubbery.net/rancid/）のようなツールは、読み出し専用アカウントでデバイスにログインし、設定をダウンロードし、それをバージョン管理システムに入れるという仕組みで動いています。バージョン管理のおかげで、設定は変更されるごとにずっと保存されていきます。設定が変更されるたびに、メールやSlackなど選択した手段で通知を受け取れます。このようなツールを使うことで、どんな変更がされたのかを気にしたり、どうやってロールバックするかを悩む必要はありません。誰もがデバイスに対する設定の変更を追跡すべきです。

## 9.3 音声と映像

音声と映像のパフォーマンス監視は、やりにくい場合があります。コーデックは暗号化されているので、外部から接続の品質を観察するのはかなり難しいでしょう。しかしありがたいことに、ほとんどのベンダの製品には、詳細な調査用の監視ツールの類が付属しています。そのためここでは、すべての音声と映像の監視に共通の一般的な方法だけを取り上げます。

すでにご存知のように、私はユーザ視点で監視を始めるのが大好きです。しかし、音声と映像のストリーミングのパフォーマンスに関しては、仕組み上あまりできることがありません。よい面としては、その部分で問題が起きることも多くはありません。

音声と映像のパフォーマンスは、レイテンシ、ジッタ、パケットロスという3つの計測項目がすべてです。映像と音声はこれらのメトリクスに対してかなり敏感で、これらが可能な限り低い状態で最高の力を発揮します。これらのメトリクスの監視方法については、この章内ですでに取り上げました。

もう1つ特に監視すべき重要なことは、使用しているコーデックです。これはネットワークにわたって同じはずですが、そうでない場合はパフォーマンス問題が起きる可能性があります。コーデックはSNMPを通じてチェックできます。理論上、コーデックは1度設定されると変わりませんが、変わらないと期待した時ほど変わる傾向があるのは知ってのとおりです。

音声と映像のパフォーマンスに敏感な性質上、内部ネットワークにおいてこれらの通信には、優先的な扱いを受け、ストリームの品質を保つためにQoS（Quality-of-Service）ポリシーが適用されることがよくあります。多くのベンダではこの情報はSNMP経由で提供されます。Ciscoでは、QoSのメトリクスは“Cisco Class-Based QoS Configuration and Statistics MIB”（http://tools.cisco.com/Support/SNMP/do/BrowseMIB.do?local=en&mibName=CISCO-CLASS-BASED-QOS-MIB）に記述されています。これはかなり複雑なSNMPオブジェクトで、たくさんのポリシーがある場合、手動で取捨選択するのは無益で狂気の沙汰です。規模によらずQoSを監視しようとするなら、ネットワーク機器のベンダと話をし、彼らにどんなツールを使うのがよいか聞くのがよいでしょう（「QoS　監視」でググるのもありです）。

特に興味深い機能としては、CiscoのIP SLAがあります。IP SLAを設定すると、トラフィックをシミュレートして、どのように動いたか結果を教えてくれます。IP SLAの結果でアラートを送ることもできますし、SNMPで監視することも可能です。さらには、問題のあるセグメントを避けるためパスを変更するようルーティングプロトコルに通知するなどといったアクションを実行することもできます。

## 9.4 ルーティング

ルーティングプロトコルを監視するのは、おもしろい試みです。ダイナミックルーティングプロトコルは、自己回復的な動作をするよう作られているので、いつ誰かにアラートを送るべきかの判断が少々難しくなります。マルチホームなネットワークでは、BGPピアの変更があったら誰かを叩き起こすべきでしょうか。おそらくその必要はありません。それではデュアルホームなネットワークではどうでしょうか。おそらく叩き起こすべきでしょう。同じようなことはOSPFのネイバーの変更にも言えます。つまり、状況によるのです。

ここで監視しておくと便利なのは、ダイナミックルーティングプロトコル（主に

OSPFやBGP）です。スタティックルートの監視は、ルートが存在しているかどうか監視するのではなく、リンクとルート越しにトラフィックを送れるかどうかを監視することで実現できます。

BGPに関しては、監視できる、あるいは監視すべき項目はたくさんあります。

- シャーシのメモリ容量に対するTCAMテーブルのサイズ。2014年に多くの大企業で起きた障害（https://community.cisco.com/t5/network-architecture-documents/the-size-of-the-internet-global-routing-table-and-its-potential/ta-p/3136453）が、いくつかのCiscoのデバイスでTCAMが使い切られてしまったのが原因だったことからも分かるとおり、TCAMテーブルを使い切るのは最悪の日の始まりになる可能性があります。
- BGPピアの変更
- BGPのASパス変更（レイテンシに特に敏感な組織では役立つはずです）
- BGPコミュニティの変更（送信されたプレフィックスの数、ピアに受信された数）

OSPFは気にすべき点は比較的少ないです。アジャセンシの変更は監視すべき項目の1つで、syslogとSNMPのどちらにもこの情報が存在しているはずです。

最後に、ファーストホップの冗長性の変化を監視するのは、ネットワークの振る舞いの変化を知るよい指標になるでしょう。SNMPは、VRRPとHSRPのメンバー、さらにその中でアクティブなメンバーがどれかを提供します。ルータのsyslogも、アクティブなメンバーが変更されたのがいつかを教えてくれます。

## 9.5 スパニングツリープロトコル（STP）

スパニングツリーの変更は、ネットワークで急に大障害を引き起こす可能性があります。Ciscoのデバイスでは、スパニングツリーのログはデバイスレベルで有効にでき、プロトコルとスパニングツリーのルートに関する有益な情報を含んでいます。しかし、この情報は（負荷の高いスイッチでは必要以上の負荷を発生させてしまう可能性のある）デバッグレベルのログでしか提供されません。インタフェイスレベルで有効にしても少ない情報しか提供されませんが、変更が発生したことなど、経過を追うために必要な情報のほとんどは得られます。

スパニングツリーに関して知りたいのは、ルートブリッジが変わったのはいつか、プロトコルのコンバージェンスがいつかの2つだけです。ルートブリッジの変更は、比較的静的なネットワークではほとんど起こらないはずですが、発生したらアラートで知らせて欲しいものでしょう（夜中に起こすまでのものではないかもしれませんが）。トポロジの変更は、ルートブリッジの変更よりはよく発生する許容範囲のことなので、そのパターンと、発生頻度を確認しましょう。これを監視するのによいのは、ログ管理サービスがトポロジの変更の回数を数え、それをメトリクスのサービスでグラフに描画することです。

## 9.6 シャーシ

デバイスのシャーシのことをすっかり忘れて、インタフェイスをどうやって監視するかに時間をかけている人を見てきました。

### 9.6.1 CPUとメモリ

CPUとメモリの使用率をグラフにするのは負荷を知るのによいですが、気をそらすものでしかない場合もあります。私は、数分ごとにCPU使用率1%から100%をいったりきたりするけれど、それは特に問題ない挙動であるというシャーシ型スイッチを扱ったことがあります。また、別のシャーシ型スイッチはCPU使用率100%で動作しがちでしたが、ベンダは問題ないと言っていました。そんなわけで、グラフは作ったほうがよいですが、そのデータはうのみにせず、かつアラートを送るのは（ベンダがすすめてこない限りは）やめておきましょう。

ラインカードや管理カードは、カード上にメモリやCPUを持っている場合もあります。シャーシがアイドル状態でも、カード上のCPUやメモリが使い果たされる可能性も大いにあります。**すべてのCPUとメモリインスタンスを確実に監視しましょう。**

### 9.6.2 ハードウェア

デバイスのハードウェアのことも忘れないで下さい。多くのデバイスが全部の情報を提供しているとは言えませんが、スイッチのスタック、ラインカード、管理カード、電源といったものを監視するのはきわめて重要なことです。

syslogにあるコールドスタートを示すメッセージは、探すべき重要な項目の1つです。コールドスタートとは、デバイスが再起動したことであり、間違いなく注意を払うべきイベントです。

## 9.7 フロー監視

多くのネットワークデバイスのベンダは、sFlow（オープン標準）、IPFIX（オープン標準）、NetFlow（https://en.wikipedia.org/wiki/NetFlow#Network_Flows）（Cisco）、J-Flow（Juniper）といったフロー監視をサポートしています。

Ciscoの定義によるとフローとは、一定方向へのパケットのシーケンスで、以下の7つすべてを共有しています。

1. 入力インタフェイス（SNMPのifIndex）
2. 送信元IPアドレス
3. 宛先IPアドレス
4. L3プロトコル
5. UDPまたはTCPの送信元ポート
6. UDPまたはTCPの宛先ポート
7. IP ToS（Type of service）

フロー監視は、帯域幅を大きく使っている活動やノードを突き止めたり、IPごと、プロトコルごと、アプリケーションごと、サービスごとといった単位で帯域幅の使用率を分析するのに役立ちます。

フロー監視には、いくつか動作の異なる実装が存在しています。

NetFlow

プロプライエタリなCiscoの標準で、v5とv9の2つがあります。Ciscoのデバイスすべてで NetFlowをサポートしているわけではありません。

sFlow

sFlowは、sampled flowの略で、**サンプルされた**フロー向けにデザインされ、すべてを収集するのではない点がNetFlowとは違います。NetFlowはサンプリングも**可能**な一方、基本的にsFlowはフローのサンプリングが**必須**です。このサンプリングによって、正確さを犠牲にして、フロー収集のパフォーマンスを向上させています。

J-Flow

Juniperのフロー監視ソリューションのブランドで、v5、v8、v9があります。機能はsFlowと同じです。

IPFIX

NetFlow v9を元にした、フロー監視のオープン標準です。

私の好きなsFlowの便利な点は、各インタフェイスのオクテット情報が含まれていることです。sFlowはプッシュベースなので、どこかのメトリクスシステムのレシーバにこの情報をプッシュして保存できます。この例として、Graphiteにデータをエクスポートする sFlowレシーバ（https://github.com/obfuscurity/evenflow）をJason Dixonが作りました。これを使うと簡単に必要なことができるはずです。

負荷の高いネットワークでフロー分析をしたい時は、ルータの負荷を低く抑えるため、ハードウェアの仕組みでフロー情報を収集するデバイスを探すのをおすすめします。

フローが持っている情報は機密性が高い場合が多いです。外部からアクセス可能なネットワークでは、フロー監視を行わない方がよいでしょう。

## 9.8 キャパシティプランニング

この章のまとめに入る前に、キャパシティプランニングと、ネットワーク監視がどのようにキャパシティプランニングに役立つかについて少しお話ししましょう。キャパシティプランニングは、主に以下の2つの方法で行われます。

- ビジネス上の必要性から逆算する。
- 使用状況に応じて未来を予測する。

### 9.8.1 逆算する

これは、ビジネスがきつい制約下にあり、実装方法を決める必要がある時にとられることが多い方法です。例えばビジネス上、ある地点へ一定の時間内に一定のデータ量を送る必要があるというゴールがある時、このゴールにたどり着くために必要なリンクのサイズを逆算します。この方法だと、監視データは使用されません。

### 9.8.2 予測する

一方、予測のためには監視システムに保存したデータを利用する必要があります。この方法は、使用率が時と共に成長していく時、定期的にリンクやハードウェアをアップグレードするために採用されることが多いです。予算に応じてハードウェアやリンクを単に購入していくような組織もあるでしょうし、現在と未来の予想に応じた使用率を元に決断を繰り返していくのを好む組織もあるでしょう。

データを元にした決断をするなら、予測は単純です。最低でも6か月間のデータを使って、多くても数ヶ月分のトレンドラインを引いてみましょう。このトレンドラインの引き方にはいくつかあります。

- Excelにデータをエクスポートし、Excelにビルトインされたグラフ機能を使う。
- rrdtool（https://tiskanto.blogspot.com/2011/12/trend-predictions-with-rrd-tool-not-so.html）を使っているなら、ビルトインされたトレンドラインや予測の機能を使う。
- Graphite（https://graphite.readthedocs.io/en/latest/functions.html#graphite.render.functions.holtWintersForecast）を使っているなら、同じくビルトインされたトレンドラインや予測の機能を使う。

## 9.9 まとめ

ネットワークの監視ははるかに複雑で、多くの人が考えているよりさらに複雑に絡み合った仕組みであり、大規模では特にその傾向があります。この章で学んだことを振り返ってみましょう。

- SNMPは古めかしい悩みの種ですが、使えるのはこれだけです。ベンダを呼びつけて、もっとましな監視と管理のインタフェイスがないのかと不満を表明しておきましょう。

- 設定変更を追跡することで、たくさんの情報が得られ、作業時間も頭痛の種も減らせます。
- インタフェイス、ルーティングプロトコル、スイッチ、シャーシのコンポーネントを監視する難しさを学びました。
- 音声や映像ストリーミングのパフォーマンス監視、QoS、IP SLAについて学びました。
- NetFlow、J-Flow、sFlow、IPFIXを使ってフロー全体を監視することで、ネットワーク内で何が起きているかに対する深い理解が得られます。
- ネットワークエンジニアリングにおけるキャパシティプランニングの基礎を学びました。

これで技術的なスタックの最後に到達したので、次の章ではスタック全体のセキュリティ監視について議論するという俯瞰的な内容に戻りましょう。

# 10章
# セキュリティ監視

あなたがインフラやアプリケーションの世界からやってきたなら、セキュリティ監視はあなたが知っているのとは全く違うものです。インフラの監視では、すでに存在しているものを計測することになります。例えば、Webサーバはすでに自身の状態やメトリクスデータを提供しているので、それを保存して必要なアラートを送るようにするのはシンプルなことです。しかし、セキュリティの話になると、インフラやアプリケーションがセキュリティのことを念頭において作られていないことに気づく人が多いのです。何の手掛かりもなく、問題が起きた後にセキュリティに取り組まなければならない不運な立場に置かれるエンジニアが多くいます。それは楽しいものではありません。

ケースによっては、誰も解かなかった問題もあります。例えば、最初からDDoS保護の仕組みがない状態で、どうやって異なるDDoSシグネチャを検知するでしょうか。結果的に、これまでの章と違って、この章ではどのように基本的なセキュリティを実現するかと、どのようにそれを監視するかの両方を横断的に扱う必要があります。私が軽く扱いすぎたり言及しそびれたセキュリティに関するやり方やツールもたくさんあるはずです。セキュリティ監視は、短い章の中で公平に扱うことはできない、専門化された分野なのです。セキュリティ監視に興味を持ち、より深く知りたくなったら、Richard Bejtlichの『The Practice of Network Security Monitoring』（No Starch Press）が非常に有益です。

セキュリティとは、脅威とリスクを見積り、不正アクセス時に決断を下すことです。セキュリティは連続して繋がったものだと考えて下さい。片方では「濡れた紙袋[†1]」を持ちながら、もう片方では「フォート・ノックス[†2]」があるという状態です。100ドル札を保存するのにフォート・ノックスレベルのセキュリティを実装することはないでしょうし、かと言ってショッピングセンターで買い物している間に車のダッシュボードの上に置いておくこともしないでしょう。このようなケースでは、脅威（100ドル札が盗まれること）とリスクのレベル（ショッピングセンターで買い物中に置き去りにする）を見積ります。100ドルを失わないために1,000ドルを費やすのは妥当ではないでしょう。

また別のケースでは、仕事のやり方に対してセキュリティのレベルが押し付けがましく、面倒すぎる場合もあるでしょう。自宅で、ホワイトハウスと同じレベルのセキュリティを実現したと想像して見て下さい。家の周りではいつでもバッジをつけておき、人の出入りをセキュリティスタッフでチェック、ボディーチェック、金属探知機、防弾ガラス……自宅にはやりすぎです。ドアの鍵と窓をよいものにすれば、迷惑行為に対してはずいぶんましになります。皆さんの多くは、家よりも高いレベルのセキュリティで守られたオフィスで働いているでしょう。外とのドアにはセキュリティバッジのリーダがあり、出入りにはセキュリティスタッフもいるかもしれません。オフィスの方が、迷惑行為に対する安心のレベルは高いでしょう。

ここで取り上げる考え方やヒントは、すべてが誰にでも当てはまるものではありません。いくつかはワークフローに対してやりすぎかもしれませんし、実装や管理にお金がかかりすぎるかもしれません。それでもよいのです。重要なのは、十分注意せずにセキュリティが難しいと決めつけず、注意深く決断を下すことです。

それでは始めましょう。

## 10.1 監視とコンプライアンス

世の中には、異なる産業、異なるタイプの会社向けにコンプライアンス規制があります。そのうちのいくつかは聞いたことがあったり、勤務先でコンプライアンスを守るために関わったことがあるかもしれません。中でも有名なのは、HIPAA（ヘルスケアデータの保護）、SOX法として知られるサーベンス・オクスリー法（上場企業の会計情報の保護）、PCI-DSS（クレジットカードデータの保護）、SOC2（会計以外の

†1 訳注：原文は「wet paper bag」で、非常に弱かったりほとんど役に立たないもののたとえ。
†2 訳注：ケンタッキー州にある米陸軍基地の名前。アメリカ合衆国が持つ金の実物が保管されているというアメリカ合衆国金銀塊保管所がある場所でもあり、ここでは厳重な警戒が行われている場所の代表格として挙げられている。

統制情報の保護）などがあります。コンプライアンスに関しては、私は最初、監視すべき項目を一覧にしようと思いましたが、その答えは「基本的に全部」になってしまい、意味がなくなることに気づきました。

いや、そうでもないかもしれません。より詳しく言うと、特定の規制のスコープに含まれることなら、それに対する監視のコンポーネントがあるはずです。これは、統制が想定どおりに有効であることを証明するというコンプライアンスの一般的要求に応えることです。そのために、監視を使う以外の方法なんてあるでしょうか。

以下のようなよくある要求事項を考えてみましょう[†3]。

> 1.3.5 ネットワーク内へ「確立された」接続のみを許可する。
>
> （PCI-DSS v3.2）

この統制が機能していることは、エッジのファイアウォールで接続を種類ごとに監視することで証明できます。

また、次の要求事項はどうでしょうか。

> 5.2 すべてのウィルス対策メカニズムが以下のように維持されていることを確実にする。
>
> - 最新の状態である。
> - 定期的にスキャンを行う。
> - PCI DSS 要件 10.7 に従って監査ログを生成・保持する。
>
> （PCI-DSS v3.2）

この統制については、監査ログをログアグリゲーションシステムで保存し、すべてのノードが定期的に更新され、スキャンが開始して終了していることを監視することで証明できます。

さらに次の例はどうでしょうか[†4]。

> （b）標準：監査統制。ハードウェア、ソフトウェア、およびまたは、電子的に保護された健康に関する情報を含んだり使用する情報システム内の活動を

†3 訳注：翻訳は PCI-DSS の公式日本語訳（https://ja.pcisecuritystandards.org/minisite/env2/）による。

†4 訳注：HIPAA の訳は訳者による。

記録し、検査する手続きとしての仕組みを実装すること。

HIPAA, 2007

これに対する答えも十分シンプルです。すべてのログを取ればよいのです（ちょっと待って下さい。**すべてのログを取る**のは難しいと学びませんでしたっけ。そうです、その点ではシンプルではないかもしれません）。

コンプライアンスを実現することは、簡単なことから悪夢のようなことまでさまざまです。しかし、多くの統制事項において、期待するとおりに確実に動くようにするには監視を実装するのがよい方法です。

## 10.2 ユーザ、コマンド、ファイルシステムの監査

auditdは、Linux カーネルへの直接のフックを使い、システムで発生するイベントやアクションを通知できるようにするコンポーネントである Linux Audit System の、ユーザスペースのインタフェイスです。Linux Audit System はセキュリティのために使用するよう作られており、他のシステムと別になっていることで、他のサブシステム（例えば syslog など）が動いていない時でも動作し続けられるようになっています。

auditdは、その設定可能性の高さから、ユーザのアクションやその他のイベントを追跡するのに素晴らしいツールです。例えば、レポートできるイベントの種類には以下のようなものがあります。

- すべての sudo の実行、コマンドの実行、誰が実行したか。
- ファイルアクセスや特定ファイルの変更、その時刻、誰によって変更されたか。
- ユーザ認証の試行と失敗。

### 10.2.1 auditd のセットアップ

モダンな CentOS や Debian ベースのディストリビューションでは、auditd はすでに動作していることが多いでしょう。auditd が記録しているログは、/var/log/audit/audit.log で確認できます。デフォルトでは auditd はなんでもログに記録する

わけではありません（sudoと認証の試行とその他いくつか）。カスタムルールは、/etc/audit/rules.d/audit.rules（RedHat）や/etc/audit/audit.rules（Debian）に追加できます。/etc/myconfig.confへのすべての書き込みアクセスを監視するルールは次のようになります。

```
-w /etc/myconfig.conf -p wa -k myconfig_changes
```

-wはファイルを監視すること、-pはどの属性を監視するか（書き込み［write］と追加［append］）、-kは任意の識別子を意味しています。

設定ファイルに変更を加えて監査ログを見てみると、以下のようなメッセージがあるはずです。

```
type=CONFIG_CHANGE msg=audit(1485289062.091:184): auid=1001 ses=844
op="updated_rules" path="/etc/myconfig.conf" key="myconfig_changes" list=4
res=1

type=SYSCALL msg=audit(1485289062.091:185): arch=c000003e syscall=82
success=yes exit=0 a0=55892a3bc880 a1=55892a3b0170 a2=fffffffffffffeb8
a3=55892a3b0160 items=4 ppid=15788 pid=17066 auid=1001 uid=0 gid=0 euid=0
suid=0 fsuid=0 egid=0 sgid=0 fsgid=0 tty=pts0 ses=844 comm="vim"
exe="/usr/bin/vim.basic" key="myconfig_changes"
```

auditdのログメッセージはかなり詳細ですが、これでファイルの変更のログが取れました。設定とauditdルールのチューニングにもう少し時間をかければ、詳しすぎないよう調整した上でこの情報を有益なものにできます。素晴らしい情報源の1つに、Red Hatのドキュメントがあります。auditdには設定例も含まれており、/usr/share/doc/auditd/examples/にあります。

### 10.2.2 auditdとリモートログ

auditdの制限の1つに、ログがサーバのローカルに置かれたままになる点があります。ログが改ざんされないようにしたいので、集約と分析のために中央サーバに自動的にログが送られるようにする必要があります。これを実現するため、audisp-remoteというauditdのプラグインを使います。このプラグインを使うと、auditdのイベントをリモートの syslog レシーバに転送できます。

### ログの取り込みに rsyslog を使わない理由

よく聞かれる質問に、一体なぜ rsyslog（または syslogd や syslog-ng）でも監査ログを取り込んで他のログと一緒に転送できるのに、audisp-remote を使うのか、というのがあります。設定が2つあるよりは1つにまとまっていた方がよいでしょう。

audisp-remote 以外の方法も技術的には使用できるのですが、セキュリティの観点からは不合格です。auditd は、動作するにあたって syslog サブシステムには依存していないので、rsyslog が無効化（例えば悪意を持ったユーザが意図的に無効化することが考えられます）されていても auditd は監査イベントを記録し、リモートサーバにそれを転送し続けられます。絶対確実とは言えません（やろうと思えば audisp-remote も無効にできます）が、一歩踏み込んだ保護ではあります。

syslog を使いたいなら、audisp-syslog プラグインで auditd のログを syslog に送ることもできますし、ファイル（/var/log/audit/audit.log）を直接 rsyslog や syslog-ng に取り込むことも可能です。

audisp-remote のセットアップはシンプルです。audispd-plugins パッケージをインストールする必要があります。インストールしたら、/etc/audisp/audispd-remote.conf ファイルを編集して、remote_server と port 設定をあなたのリモート syslog サーバに変えて下さい。これで監査ログはあなたのリモートログサーバに転送されるはずです。転送がうまくいかないなら、メインの syslog ログファイル（ディストリビューションによりますが /var/log/messages または /var/log/syslog）を、エラーがないか確認して下さい。

ログが1か所に集約できたら、興味深いイベントを検索してアラートを設定しましょう。私がよく確認をおすすめするのは、SSH ログインの成功と、sudo の成功と失敗です。ログを確認し始めたら、監視し続けるべき興味深いことが必ず見つかるはずです。

最後にお伝えしたいのは、auditdのログを収集し、集約して分析するSaaSツールの存在です。これらのツールは、やるべきことを設定ファイル数行程度にまでシンプルにしてくれます。よく知られた例としては、CloudPassageやThreat Stackがあります。

## 10.3 ホスト型侵入検知システム(HIDS)

**ホスト型侵入検知システム**(Host intrusion detection system、HIDS)とは、特定ホスト上で不正な行為をするものを検知する仕組みです。世の中には多数のHIDSが出回っていますが、すべてそれぞれ焦点が異なります。この項では、シンプルですが幅広い**ルートキット**(rootkit)に焦点を当ててみましょう。

ルートキットの検知に入る前に、ルートキットとは何でしょうか。私はたまたまWikipediaの定義がいちばん気に入りました†5。

> ルートキットとは、本来は許可されていないはずのコンピュータあるいはそのソフトウェアの領域へのアクセスを有効にするようデザインされた、通常は悪意を持って作られるコンピュータのソフトウェアの集まりである。また、自分自身や他のソフトウェアの存在を隠すことが多い。
>
> ――Rootkit(Wikipediaより)

広くインストールされているPHPベースのwebshellから、こっそりリコンパイルされたシステムバイナリまで、あらゆるものがルートキットになり得ます。そのステルス性から、ルートキットを検知するのはかなり難しい場合があり、検知にはいろいろな方法を利用する必要があります。その方法には、ユーザ・プロセス振る舞い分析(user/process behavior analysis)、ログ分析、ファイルシステムやプロセスの監査、ファイルハッシュの比較などがあります。

## 10.4 rkhunter

rkhunterは、ルートキットの検知には広く使用されており実績のあるツールです。rkhunterは、既知の正常なハッシュとのファイルハッシュ比較、シグネチャベースでの既知のルートキットの検知、セキュリティチェックのベストプラクティス(root

†5 訳注:Wikipedia英語版を元にして、翻訳は訳者による。

によるSSHが許可されているかどうかなど）などといった、たくさんの方法を使用して検知を行います。

rkhunterのインストールと設定は簡単です。まずはrkhunterパッケージをインストールしましょう。その後、rkhunter --updateを実行してシグネチャのデータベースが更新されるようにし、さらにrkhunter --propupdを実行してファイルプロパティデータベースを更新します。これで最初の実行の準備ができました。開始するには、rkhunter -cを実行しましょう。

これは、実行しているチェックをすべて標準出力に出します。また、チェックとその結果の両方を/var/log/rkhunter.logにも記録します。もちろん、私たちは自動化の支持者ですから、この手動のプロセスは本番では使えません。

ありがたいことに、rkhunterの開発者たちはこの点を気にしてくれていて、--cronjobと--quietというフラグが用意されています。

次の1行をcronジョブとして登録しましょう（頻度は最低1日1回をおすすめします）。

```
/usr/bin/rkhunter --cronjob --update --quiet
```

--updateフラグが付いているのに気づいたでしょう。これによって、rkhunterに毎回の実行時の最新チェックデータベースを使用するようにしています。syslogで起動時刻と終了時刻を記録するよう、--syslogフラグを付けることも可能です。

アラートを設定できるように、ログファイルはリモートのログアグリゲーションツールあるいはログ分析ツールに送ることをお勧めします。rkhunterが何らかの問題を発見したら、プレフィックスとしてWarningが付けられます。したがって、アラートはこの文字列に対して設定できます。また合わせてrkhunterが実行されていないことを検知してアラートを送るのも検討するとよいでしょう。これは、Info: Start date isという文字列を検索して、それが本来あるはずの時間帯にない場合にアラートを送ることで実現できます。

rkhunterよりさらにしっかりしたツールを探しているなら、OSSEC（http://www.ossec.net/）を調べてみるのをおすすめします。

## 10.5 ネットワーク侵入検知システム（NIDS）

**ネットワーク侵入検知システム**（Network intrusion detection system、NIDS）は、（HIDSが対象にしているホストに対してではなく）ネットワーク自体に対する脅威を検知するのにかなり便利な仕組みです。NIDSは、**ネットワークタップ**をネットワーク内に配置して生のトラフィックを確認することで動作します。

ファイアウォールは定義されたフィルタ（普通はアクセスコントロールリスト）を元にアクセスをブロックすることで侵入をプロアクティブに防止する一方、NIDSは侵入された後にそれを通知するものです。一見すると何の役に立つのかわからないかもしれません。そもそも侵入を防止しようという話をしていたのでは、と思うかもしれません。

その疑問は正しいです。まずは侵入を防止するようネットワークをセキュアにするのに焦点を当てるべきです。しかし、侵入は避けられないものです。それこそがNIDSが役立つところです。エッジでネットワークをセキュアにしようと努力しているけれど、いつかは侵入されてしまうのでは（実際侵入されます）と思っているなら、NIDSを使えば脅威を発見してすばやく対応できます。

NIDSを最大限に活用するには、**ネットワークタップ**が必要です。ネットワークタップとは、ネットワークの中に配置するハードウェアで、そこを通過するすべてのトラフィックを傍受し、そのコピーを他のシステムに送るものです。

ネットワークタップを配置するには、戦略的な選択が必要です。ネットワークが狭まっている場所と、セグメントからのすべてのトラフィックを傍受できるよう境界部分にネットワークタップを配置する必要があります。シンプルなネットワークでは、ルータあるいはファイアウォールの下流側にネットワークタップを1つおけばよいでしょう。より複雑な企業ネットワークでは、あちこちに分散してたくさんのネットワークタップを置くことになるかもしれません。図10-1は、タップの置き方の例を表しています。

> ネットワークタップはネットワークリンク上に置かれることになるので、信頼性が高くfail-open（故障した時にリンクを落とす代わりに、2つのネットワークケーブルを接続する単なるカプラとして動作する）なモードを備えたタップを選ぶと共に、可用性の監視も忘れないようにして下さい。

**SPANポートか、ハードウェアタップか**

ネットワークタップについて議論する時によく挙げられる疑問の1つに、SPANポートやポートミラーリングを使うべきか、ハードウェアネットワークタップを使うべきかというものがあります。

私はハードウェアタップを使うことをおすすめします。SPANポートはスイッチのネットワークポートの1つであり、ポートをトラフィックで簡単にいっぱいにしてしまいます。ネットワークタップは特に多いトラフィックを扱うようデザインされているのでなおさらです。

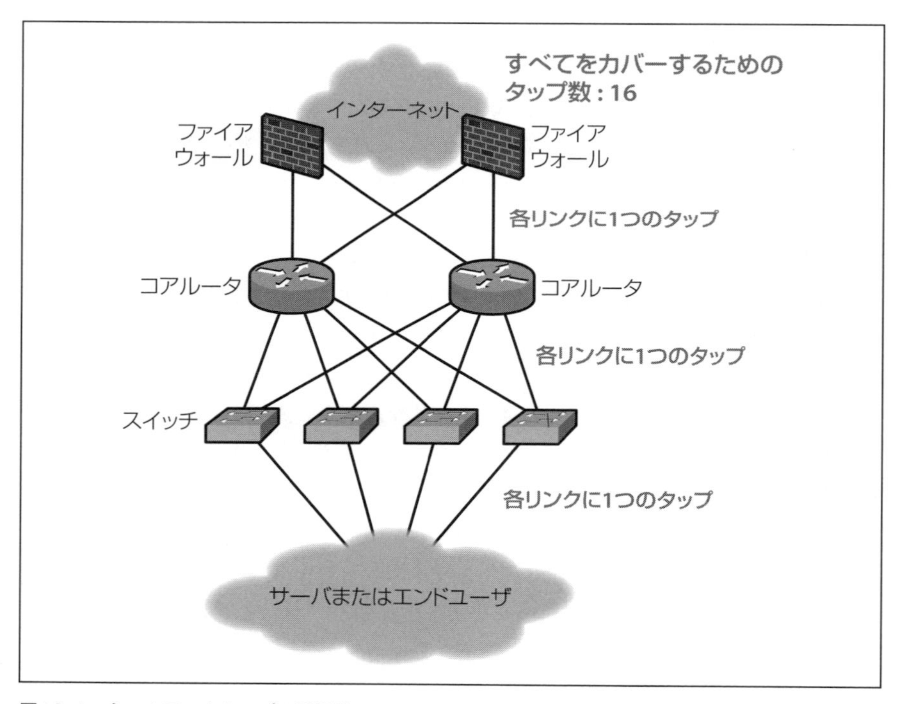


図10-1 ネットワークタップの配置例

ネットワークタップをデプロイしたら、分析のためにトラフィックを**セキュリティ情報イベント管理**（security information and event management、SIEM）システムに送る必要があります。SIEMとして動くオープンソースや商用のツールが複数あり、BroやSnort（どちらもオープンソース）がその例です。NIDSの設定はこの章の範囲外ですが、他の監視ツールを考えれば分かるように、最大限の力を発揮するには定期的なチューニングが必要です。

## 10.6　まとめ

セキュリティ監視の広い範囲に全部触れたとはとても言えませんが、アプリケーションやインフラのセキュリティ監視を手堅く始められることを教えられたという自信はあります。まとめると以下のようになります。

- コンプライアンス目的の監視の要求事項は、見た目よりも単純なことも多くあります。ただし、常に**簡単**という意味ではありません。
- auditdを使ったユーザ、コマンド、ファイルシステムの監査は、始めるのは簡単ですが、役立つ状態にもって行くまでの調整が非常に大変です。
- ルートキットやその他のホストレベルの侵入を検知するのは難しい場合がありますが、rkhunterから始めるのがよいでしょう。
- ネットワークセキュリティにはファイアウォールは十分ではありません。ネットワークタップを注意深く配置し、NIDSを使うことで、たくさんの情報を取得できます。

この章で、あなたの環境のあちこちを監視する詳しい方法を探る旅は終わりになります。最後のまとめとして、私の大好きなサイトTater.lyの監視アセスメントを実施してみましょう。

# 11章 監視アセスメントの実行

この本の最後の章にたどり着きました。皆さんは、たくさんの新しいことを学んできたと思います。最後の章では、私が自分のコンサルティングクライアントと行う作業を元に、この本で学んだことすべてをまとめて適用するフィクションの例題をやってみましょう。それは、監視アセスメントです。

監視アセスメントを実施するのは、何を監視すべきか、なぜ監視すべきかをシステマチックに判断するよい方法です。その目的は、アプリケーションとその裏にあるインフラをより明確に理解することです。監視アセスメント自体は徹底的あるいは完璧とは言えませんが、何が問題で何が問題でないのかを考える出発点になるという意図もあります。

## 11.1 ビジネスKPI

始めるにあたって、Tater.lyが何をしているのかを正確に理解する必要があります。CEOとの会話の結果、以下のことが分かりました。

> Tater.lyのミッションは、フレンチフライの熱狂的ファンたちが、最高のフレンチフライを見つけられるようにすることです。ユーザは、レストランを探したり、そのレストランのフレンチフライのレビューを見たり、自分のレビューを投稿するためにTater.lyを訪れます。フレンチフライには1から5までの評価が付けられ、5が最高評価です。レストランは自店のページを作成できますが、ユーザも作成可能です。既に自店のページが存在している時、レストランはそのページを「取得」できます。レストランは広告費を支払うことで、検索結果の1番上に**おすすめフレンチフライ**の広告を出すことができ、

Tater.lyはその広告費から収益を得ています。この広告費はインプレッション数、つまりその広告を見た人の数を元に決められています（広告をクリックした人の数ではありません）。広告の価格がインプレッション数で決まるので、レストランのオーナーはいくら広告に払うか、ピーク時に広告を出すかピーク時を避けて広告を出すかを決められます。複数の広告を出すことも可能にしています。現在のところTater.lyの年間粗利は250,000ドルで、着実に増加しています。

これでアセスメントを始めるのに十分な情報が揃ったので、5章で学んだビジネスメトリクスから始めましょう。何がビジネスKPIでしょうか。

まずはじめに、ベンチャー企業の状態を示す基本的なメトリクスがあります。

- レストランのレビュー数
- アクティブなレストラン（オーナーがログインしている）の数
- ユーザ数
- アクティブユーザ数
- 検索実行数
- レビュー投稿数
- 広告購入数
- 上記各項目の変化の方向と変化率

これで十分なようですが、ネットプロモータスコア（NPS）も追加しましょう。このリストに以下の2つを追加します。

- ユーザからのNPS
- レストランからのNPS

ビジネスセクションはこれでおしまいです。6章で学んだフロントエンド監視に移りましょう。

## 11.2　フロントエンド監視

6章で学んだことを思い返すと、取得すべき大きなことはただ1つ、RUMメトリクスです（好きなフロントエンド監視ツールを使って下さい）。これにより、ユーザ視点でのページロード時間を監視できるようになります。

## 11.3　アプリケーションとサーバの監視

ここでまず必要になるのは、Tater.lyのインフラのアーキテクチャ図です（図11-1）。

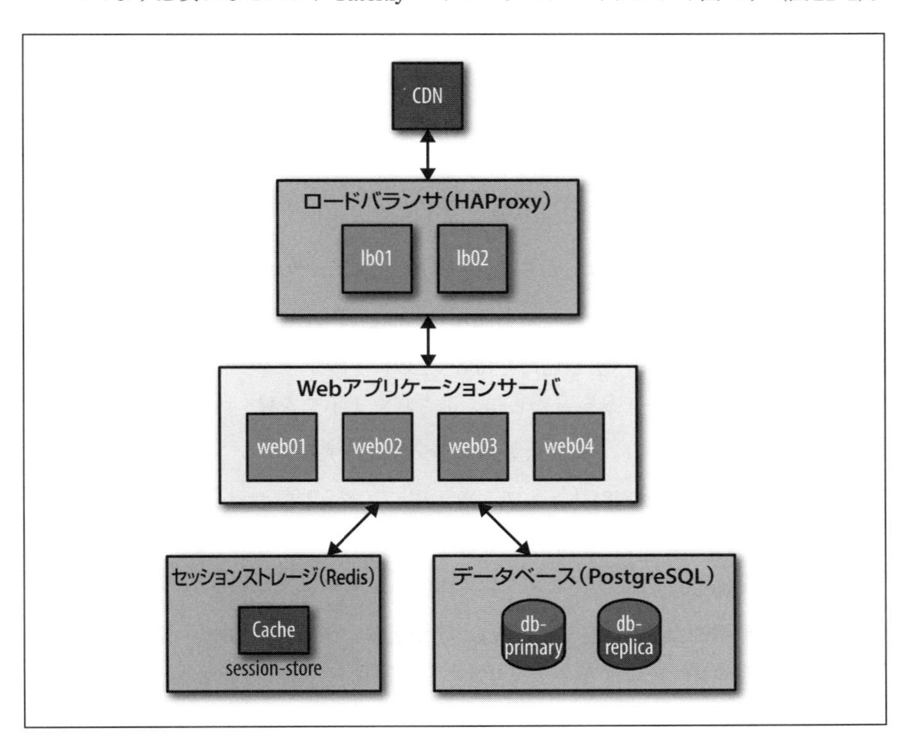


図11-1　Tater.lyのアーキテクチャ図

このアーキテクチャ図から、標準的な3層構造のアーキテクチャを採用しており、そこに少し追加されたものがあることが分かります。アクティブ・アクティブな設定のロードバランサ（2台）をオリジンにしてCDNからトラフィックが入って来て、Webサーバ（Djangoアプリケーションが動作している）が4台、プライマリ・レプリカ構成のPostgreSQLデータベース、セッションストレージのRedisサーバが1台あります。Tater.lyは自前のデータセンタではなくWebホスティングプロバイダを使っているので、ハードウェアやネットワークの管理についてはあまり気にしなくてもよい環境です。

7章と9章で学んだことを元にすると、どんなメトリクスとログがあるでしょうか。私が考えついたのは次のとおりです。

**メトリクス：**

- ページロード時間
- ユーザログイン：成功数、失敗数、実行時間、1日のアクティブユーザ数、1週間のアクティブユーザ数
- 検索：検索実行数、レイテンシ
- レビュー：レビュー投稿数、レイテンシ
- （アプリケーションから見た）PostgreSQL：クエリレイテンシ
- （データベースサーバから見た）PostgreSQL：秒間トランザクション数
- （Redisサーバから見た）Redis：秒間トランザクション数、ヒット・ミス比率、キャッシュから追い出されたアイテム数
- CDN：ヒット・ミス比率、オリジンに対するレイテンシ
- HAProxy：秒間リクエスト数、利用可能・不能なバックエンドの数、フロントエンドとバックエンドでのHTTPレスポンスコード
- Apache：秒間リクエスト数、HTTPレスポンスコード
- 標準的なOSメトリクス：CPU使用率、メモリ使用率、ネットワークスループット、ディスクIOPSと空き容量

**ログ：**

- ユーザログイン：ユーザID、コンテキスト（成功、失敗、失敗の理由）
- Django：例外、トレースバック
- 使用しているすべてのサーバサイドデーモンのサービスログ：Apache、PostgreSQL、Redis、HAProxy

シンセティックなWebサイト監視ツールは、SSL証明書の期限切れというもう1つ重要な情報を提供してくれます。

## 11.4 セキュリティ監視

Tater.lyには特にコンプライアンスや規制の必要条件はないので、セキュリティ監視は単純です。

- SSHログインの試行と失敗
- syslogのログ
- auditdのログ

## 11.5 アラート

最後にアラートを設定する必要があります。3章で、あらゆるものを有効にする必要はないと言いました。特定済みのメトリクスとログを見るに、以下のようなアラートが必要だと考えました。

- ページロード時間の増加
- Redis、Apache、HAProxyでのエラー率やレイテンシの増加
- 検索、レビュー投稿、ユーザログインといった、アプリケーションの特定のアクションのエラー率やレイテンシの増加
- PostgreSQLクエリのレイテンシの増加

ここでまとめた知識を同僚たちが活用できるよう、新しく発見した情報を含めて、アプリケーションに対する手順書を書くのを忘れないで下さい。

## 11.6 まとめ

これでおしまいです。おめでとう！ 最初の監視アセスメントをやり遂げました。難しくはなかったはずです。当然ながらこれは監視の旅の始まりでしかありません。ビジネス、アプリケーション、インフラはどれも進化し続けるので、監視に**終わり**は

ありません。このアセスメントは開始点でしかなく、改善を続けるのを忘れないようにして下さい。

# 付録A
# 手順書の例：Demo App

これは、皆さんの環境で使う時の参考になるように作られた、手順書（3章で取り上げました）の例です。これを元にして自分で手順書を作り、改善を続けることをすすめます。手順書は、そこに載っている情報に価値があるので、この例にある以外の情報が必要だと思えば、ぜひ追加して下さい。

## A.1 Demo App

Demo Appはシンプルな Railsのブログアプリケーションで、ベーシックな Railsアプリケーションと見た目は同じです。主なコンポーネントは、データベースを使用したユーザ管理システムと、記事の投稿、コメントシステムです。

## A.2 メタデータ

コードベースは社内ソースコード管理システムに、demo-appという名前で保存されています。

サービスオーナはJohn Doeです。

## A.3 エスカレーション手順

このサービスでの問題を解決するために助けが必要な時は、サービスオーナが次のエスカレーションポイントになります。連絡方法は社内連絡帳を確認して下さい。

## A.4 外部依存

外部依存はありません。

## A.5　内部依存

rds-123.foo.com にある RDS インスタンスで動作している PostgreSQL データベースに依存しています。

## A.6　技術スタック

- Rails 4.x
- PostgreSQL（AWS RDS）

## A.7　メトリクスとログ

このアプリケーションは、以下のメトリクスを送信しています。

- ユーザログイン数
- ユーザログアウト数
- 記事の作成数
- 記事の削除数
- コメントの作成数
- コメントの削除数
- 記事の作成時間
- 記事の削除時間
- ユーザのサインアップ時間
- ユーザのログイン時間
- ユーザのログアウト時間

このアプリケーションは、以下のログを送信しています。

- ユーザログインと、そのユーザ ID、ステータス（成功、失敗）、IP アドレス
- 記事の作成と、そのユーザ ID、ステータス（成功、失敗）、IP アドレス
- コメント作成と、そのユーザ ID、ステータス（成功、失敗）、IP アドレス

# A.8 アラート

#### ユーザサインイン失敗率が高い

このアラートは、ユーザサインインの失敗率が5分間に5%を超えた時に発報されます。この原因として考えられるのは、不正なデプロイ（直近のデプロイを確認して下さい）か、ブルートフォースアタック（アタックの兆候がないか、ユーザサインインのログを確認して下さい）です。

#### ユーザログイン時間が長すぎる

このアラートは、ユーザのログイン時間が1秒を超えた時に発報されます。直近の不正なデプロイか、PostgreSQLのパフォーマンスに問題がないか確認して下さい。

#### 記事の作成時間が長すぎる

このアラートは、ユーザの記事作成時間が1秒を超えた時に発報されます。直近の不正なデプロイか、PostgreSQLのパフォーマンスに問題がないか確認して下さい。

#### コメントの作成時間が長すぎる

このアラートは、ユーザのコメント作成時間が1秒を超えた時に発報されます。直近の不正なデプロイか、PostgreSQLのパフォーマンスに問題がないか確認して下さい。

# 付録B 可用性表

4章で取り上げたように、表B-1は可用性の数字をまとめた表です。定められた可用性を実現するのにどのくらいのダウンタイムが許容されるのかを判断するのによい資料になります[†1]。

表B-1　可用性表（Wikipedia［https://en.wikipedia.org/wiki/High_availability］より）

| 可用性（%） | 年あたりダウンタイム | 月あたりダウンタイム | 週あたりダウンタイム | 日あたりダウンタイム |
|---|---|---|---|---|
| 90%（ワンナイン） | 36.5日 | 72時間 | 16.8時間 | 2.4時間 |
| 95% | 18.25日 | 36時間 | 8.4時間 | 1.2時間 |
| 97% | 10.96日 | 21.6時間 | 5.04時間 | 43.2分 |
| 98% | 7.30日 | 14.4時間 | 3.36時間 | 28.8分 |
| 99%（ツーナイン） | 3.65日 | 7.20時間 | 1.68時間 | 14.4分 |
| 99.5% | 1.83日 | 3.60時間 | 50.4分 | 7.2分 |
| 99.8% | 17.52時間 | 86.23分 | 20.16分 | 2.88分 |
| 99.9%（スリーナイン） | 8.76時間 | 43.8分 | 10.1分 | 1.44分 |
| 99.95% | 4.38時間 | 21.56分 | 5.04分 | 43.2秒 |
| 99.99%（フォーナイン） | 52.56分 | 4.38分 | 1.01分 | 8.64秒 |
| 99.995% | 26.28分 | 2.16分 | 30.24秒 | 4.32秒 |
| 99.999%（ファイブナイン） | 5.26分 | 25.9秒 | 6.05秒 | 864.3ミリ秒 |

†1　訳注：英語版Wikipediaでは末尾が5の可用性、例えば99.5%をtwo and a half ninesのように表現していますが、日本語では使われている場面が少ないと判断して省略しました。

| 可用性（%） | 年あたりダウンタイム | 月あたりダウンタイム | 週あたりダウンタイム | 日あたりダウンタイム |
|---|---|---|---|---|
| 99.9999%（シックスナイン） | 31.5秒 | 2.59秒 | 604.8ミリ秒 | 86.4ミリ秒 |
| 99.99999%（セブンナイン） | 3.15秒 | 262.97ミリ秒 | 60.48ミリ秒 | 8.64ミリ秒 |
| 99.999999%（エイトナイン） | 315.569ミリ秒 | 26.297ミリ秒 | 6.048ミリ秒 | 0.864ミリ秒 |
| 99.9999999%（ナインナイン） | 31.5569ミリ秒 | 2.6297ミリ秒 | 0.6048ミリ秒 | 0.0864ミリ秒 |

# 付録C 実践 監視SaaS

松木雅幸

本書内2章の「2.3　デザインパターン3：作るのではなく買う」の中で監視SaaSの有用性について論じられていますが、本付録では、実際の監視SaaSの導入や活用方法について取り上げます。

この付録の筆者は、Mackerel（https://mackerel.io）というサービスの開発に携わっているため、このサービスを例に用いることもありますが、内容自体は普遍的なものです。

## C.1　筆者と監視SaaS

筆者は、Webアプリケーションエンジニアですが、私にとって自分が作ったサービスは我が子のようなものです。だからこそ、発熱のような異変にすぐ気づき、対応をおこないたいものです。

しかし、自前で監視システムを構築することは大変で、つい他人任せにしてしまいがちでした。何を監視すればよいのかよくわからないし、監視したい項目があっても、担当者に設定を「お願い」をしないといけない。ここにはストレスを感じていました。

そんな筆者にとって監視SaaSはうってつけの存在でした。自分で監視システムを構築する必要がなく、すぐに監視を始められるからです。そして、監視SaaSを活用して自分で監視をおこなえるようになると、むしろ監視こそがサービス運営の根幹であると感じるようになりました。より監視に対して積極的になり、より安定的にサービスを運営できるようになったのです。

## C.2 監視 SaaS の利点

本書では、監視 SaaS を使うことのメリットとして、結果としてコストメリットがあり、難易度の高い監視ツールの運用を専門家である SaaS 提供者に任せることができ、利用者は本来のプロダクト開発にフォーカスできることが挙げられています。

実際、監視 SaaS を利用することで、監視に対する敷居と難易度が下がり、簡単に監視を実施できるようになります。それは、結果としてさらに大きな、あるメリットをもたらすと筆者は感じています。

それは「監視の民主化」とも言うべきものです。本書には監視の2つ目のアンチパターンとして「役割としての監視」(「1.2 アンチパターン2：役割としての監視」参照）がでてきますが、それとは正反対の状態を実現するものです。チームの全員が監視システムにアクセスでき、それらを扱うスキルを持つ理想的な状態です。

kyanny さんの「デプロイ作業の属人化を徹底的に排除したい話」というブログエントリ[†1]があります。このエントリでは、属人性を排除して SPOF を作らないようにすること、デプロイ作業を特権的にしないようにすること、それより恐ろしい「お願いします脳の恐怖」にハマらないようにすることについて論じられています。「お願いします脳の恐怖」とはデプロイを専任者がやるものという空気がチーム内で知らず知らずのうちに作られてしまうことを表した示唆的な言葉です。これはデプロイがテーマですが、監視にも大いに当てはまる話です。

監視は開発者自身が自主的に行うべきもので、属人的な権威があってはいけません。構築や設定が複雑なツールでは、ついつい専任者が属人性を作り込んでしまい、権威が発生しがちです。

SaaS 提供者は多くの人が使いやすいように、デザインやユーザビリティを意識して開発をおこなっています。それらがユーザの獲得や離脱を防ぐことや継続率に直結するからです。開発チームにはデザイナーが存在し「怖くない」画面や、使いやすく手触りのよいデザインを実現しようとしています。結果として、従来の監視ツールの一部に見られるような、慣れた人しか使えない、とっつきづらい UI の排除に成功しています。

SaaS 監視を使うことで「監視の民主化」を実現しやすくなります。それが、より効果的な監視につながるでしょう。

その他、SaaS であることの利点としては、次々と新しい機能が追加開発され、そ

†1 https://blog.kyanny.me/entry/2012/07/20/033411

れらをバージョンアップ作業などをせずに自動で利用できる点が挙げられるでしょう。最近のインフラトレンドの変化は激しく、それに伴い監視にまつわるプラクティスも日々変化しています。監視 SaaS をつかうことでそれらに自動的に追随することが可能です。

## C.3　監視 SaaS は信用できるのか

では監視 SaaS を使うことのリスクはないのでしょうか。もちろんリスクは完全にないとは言えません。いくつかの観点について議論します。

### C.3.1　監視 SaaS ビジネスそのものに対する信頼性

まず、監視 SaaS 業界の成熟度が気になるところです。この懸念は、一昔前にクラウドそのものに投げかけられていた懸念に似ています。こちらもクラウド同様に黎明期は過ぎ、実用段階に入ったと言えるでしょう。実際、Datadogは 2010 年にはサービスインし、Mackerel も 2014 年にサービスを開始しています。そして、それぞれ現在もサービスを維持、拡大しています。これだけの期間サービスを提供できているということは、市場にもビジネスが受け入れられたと見てよいでしょう。

### C.3.2　事業の継続性について

では、監視 SaaS そのものの継続性についてはどうでしょうか？　サービス終了のリスクはないのでしょうか？

そのリスクは、監視 SaaS に限らず常に存在するものです。なるべく継続性のありそうなサービスを選定するしかないでしょう。その際、これまでのサービスを継続期間やマーケットシェアやコミュニティの活発度などが判断材料になるでしょう。

また、もし仮に自分が利用しているサービスが停止するようなことがあっても、それらの競合サービスは乗り換えを喜んで受け入れるでしょうし、前の節で述べたように、有力サービスがいくつか存在するくらいには業界は成熟してきています。

逆に監視 SaaS が継続している限りは、サービス終了以外の理由で大きな非互換変更を入れることはほとんどないと言えます。なぜなら、大きな非互換変更は SaaS 側からするとユーザを失うことになるためよっぽどのことがない限りはその判断はしないでしょう。つまり、そこは逆に安心してよいポイントと言えます。

### C.3.3 サービス品質について

サービス品質も気になるところです。例えば、監視SaaS自体の可用性がどれくらいなのか、停止を伴うメンテナンスがどれくらいの頻度で実施されているか、重大なバグが発生していないかなどです。

これに関しては、各SaaSのステータスページやブログ等を見て、公開されている実際の過去の障害情報やメンテナンス情報を参考にするとよいでしょう。

また、ソーシャル上での評判などもサービス品質を判断する上で参考になる情報と言えます。

### C.3.4 悪意はないか

考えたくはありませんが、残念ながら悪意のあるSaaSが存在するかもしれません。特に、監視SaaSの場合、監視エージェントのインストールが必要な製品も多いため、悪意があった場合は厄介です。

これに関しては、相手が信用できるかどうかを見極めるしかありません。これもまた、提供企業の信頼性やソーシャル上での評判が参考になるでしょう。

また、監視エージェントなどは多くはソースコードがGitHubなどで公開されているため、そこから怪しい挙動をしていないかを調べることができます。見る目が増える分安心感も増します。逆に公開されていない場合は警戒したほうがよいでしょう。監視エージェントをリバースエンジニアリングしたり、通信をキャプチャしたりする方法もありますが、どこまでやるかは皆様の属する組織のポリシー次第です。

## C.4 監視SaaSの選定時に考えること

では、実際に監視SaaSの導入を検討する際には、どのように選定していけばよいのでしょうか。どのようなことに気をつければよいのでしょうか。

### C.4.1 課題を見つける

まずは自分たちのシステムにおいて、どのような監視が必要で、監視にどのような課題を抱えているかを洗い出しましょう。

本書の第Ⅱ部の監視戦略においてリストアップされている、「ビジネスKPI」「フロントエンド」「アプリケーション」「サーバ」「ネットワーク」「セキュリティ」のうち、どこを重点的に監視したいのかを検討し、製品を絞り込むとよいでしょう。

その上でその製品が、2 章の「2.1.1 監視サービスのコンポーネント」で言及されている「データ収集」「データストレージ」「可視化」「分析とレポート」「アラート」の 5 つの要素において、それぞれどのような機能を備えているか調査し、自分たちの課題を解決できるか吟味しましょう。

ただ、現実問題として、課題がよくわからない、そもそも監視もできていないということもあるでしょう。その場合は、何らかの監視 SaaS を早めに導入しましょう。そういう場合においても SaaS の手軽さはアドバンテージです。

その場合、Mackerel や Datadog のような広い範囲を網羅する監視ソリューションを導入するか、Pingdom や StatusCake のようなシンセティック監視の SaaS をさし当たり導入するかという 2 パターンが考えられるでしょう。

ちなみに、Mackerel はインフラやアプリケーション監視だけでなく、URL 外形監視というシンセティック監視機能も標準で備えているため、最初にお手軽に導入するユースケースとしてもおすすめできます。

## C.4.2 機能要件を精査する

監視 SaaS が自分達の環境で使えるかどうかの観点は案外見落としがちです。例えば、サーバへの監視エージェントのインストールが必要な SaaS では以下の点をまず調べる必要があるでしょう。

- 利用しているサーバにインストール可能か。
    - OS、ディストリビューション、CPU アーキテクチャ等をサポートしているか。
    - 利用しているミドルウェアを監視できるか。
- インターネットに直接出ていけないサーバがある場合、それを監視する方法があるか。
    - 例えばプロキシ等の方法があり、それらを自分たちで導入可能か。
    - ファイアウォールの設定などは必要ないか。

それに加えて、エージェント自体の挙動の調査もできるとなおよいです。以下のような観点を重点的に調べるとよいでしょう。

- どのような情報を収集しているのか。
- システムリソースをどれくらい消費するのか。
- ポートを開放しているか。
    - 開放している場合、どのような目的でどれくらいのポートを開放するのか。

エージェント自体のシステムリソース消費は本書でも言及されているとおり、そこまで気にする必要はありません。ただ、エージェントがインタプリタ型のスクリプト言語で実装されていたり、JVMで動くものである場合には、リソース消費が大きくなる傾向になるため、その場合は注意が必要です。

また、エージェントプロセスがポートを開放している場合があります。これらの用途は外部からの監視情報を受け取って中継したり、設定のためのWebUIを開くためなどがあります。これらは便利な反面、セキュリティ上の懸念もあるため、不必要なポートは開かないような設定ができないか確認しましょう。

Mackerelの場合、監視エージェントのmackerel-agentは静的型付けのコンパイル言語であるGoで実装されており、マルチプラットフォームで動作しますし、リソース消費も多くありません。また、ポートの開放もおこないません。逆にStatsDのようにデータを受け付けて、サーバに送信するような機能は持ち合わせていないということでもあります。

少し観点は変わりますが、利用規約を読み、どういったデータをSaaS側に送信し、預ける必要があるのかもしっかり把握しましょう。メトリクスデータだけなのか、ログも含めて預けるのか、何らかの秘匿情報も預ける必要があるのか、などです。それを踏まえて所属組織のポリシーと照らし合わせて利用を判断することになるでしょう。

### C.4.3　組み合わせて使う

本書でも何度か言及されているように監視SaaSも「組み合わせて使う」ことが肝要です。オールインワンを求めすぎず、解決したい課題を見極め、適材適所にツールを採用しましょう。

例えばMackerelの場合だと、メトリクスを収集してサーバ監視や独自のアプリケーション監視を行うことは得意ですが、APMが必要な場合はNewRelicを、複雑な通知やインシデント管理をおこないたいのであればPagerDutyやOpsGenieなどのサービスと組み合わせて使うことをお勧めしています。

### C.4.4 運用をサービスに合わせる

監視に限らず、SaaSを利用する上での鉄則は、サービスを自分たちの運用に合わせるのではなく、自分たちの運用をサービスに合わせるということです。

SaaSは運用におけるレールを示してくれるものでもあります。SaaSを使うとなったら自分たちの運用にこだわりすぎず、SaaSが示すプラクティスに合わせて運用を見直す機会と捉えるとよいでしょう。

変に独自の使い方をしてしまうと、逆に使いづらいものになってしまいます。それに、よくできたSaaS製品は、世の中にノウハウが公開されています。SaaSのプラクティスに沿った使い方をしていると、それらのノウハウを自分たちの運用に取り込みやすくもなります。

### C.4.5 ハッカビリティを備えているか

監視SaaSにおいては、そのサービスがどれくらいハッカビリティを備えているかは運用効率化の上で重要です。ハッカビリティというのは、自分たちでコードを書いて工夫や拡張がしやすいか、ハックのし甲斐があるかということです。

WebUIだけではなくAPIが整っていて自動化がやりやすいかがいちばん大きなポイントです。また、プラグインなど自分たちでツールを書いてカスタマイズしやすいかどうかも検討しましょう。そして、使っていて楽しいかどうかも継続的に使う上で地味に大事なポイントです。

### C.4.6 外部の力を活用できるか

せっかく外部サービスを利用するのですから、外部の力を積極的に活用したいものです。その観点ですと、テクニカルサポートのクオリティ、コミュニティの活発度、インターネットでのノウハウ共有状況などが検討項目となるでしょう。特にテクニカルサポートはサービスの一部とも言えるので、質を見極め積極的に活用しましょう。

# C.5　監視SaaSを導入する

では、実際に監視SaaSを導入していきましょう。ここでは具体的に、一般的なWebシステムを対象にMackerelを用いて説明を行います。

## C.5.1　監視エージェントのインストール

Mackerelはクラウド監視サービスですが、主にはサーバにmackerel-agentという監視エージェントをインストールして監視を行うサービスです。監視用の中央サーバの構築は必要ありません。

Mackerelではシェル上でワンライナーを実行するだけで監視エージェントのインストールが可能です。インストールをすれば自動で各種メトリクスの収集がおこなわれ、その情報がMackerelのクラウドシステムに送信され、自動的に監視が始まります。Mackerel上では図C-1のようにサーバ情報とリソースグラフが表示されます。

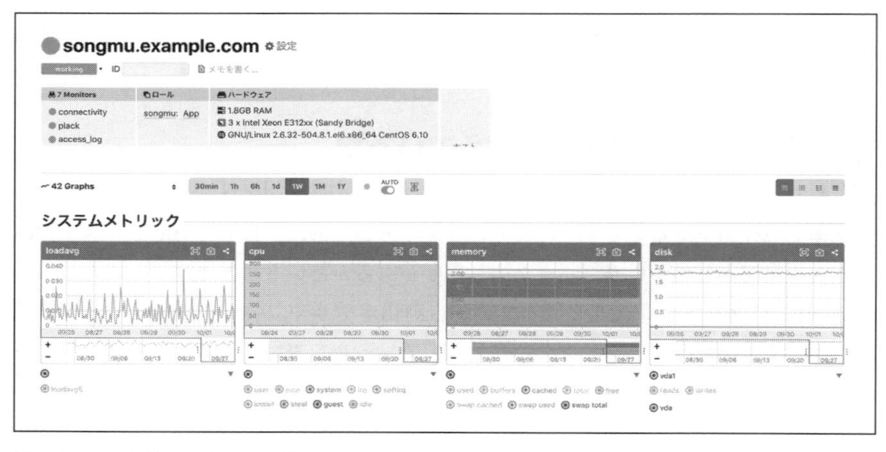


図C-1　サーバ情報とリソースグラフ

実際に本番環境で使う場合は、ChefやAnsibleのような構成管理ツールを用いてエージェントのインストールを行うことになるでしょう。Mackerelには、サービスとロールと言う概念がありますが、これは、構成管理ツールにおけるサービスとロールの概念を監視サービスに持ち込んだものです。

例えば「はてなブログのWebアプリケーションサーバ」であれば、サービスが"HatenaBlog"、ロールが"WebApp"という具合です。Mackerelではこの、サービスとロールを構成管理ツールの設定と合わせることを基本原則としています。

これはなぜかと言うと、各ロール内のサーバは同様のスペックを持ち、同じ役割を果たすため、結果として負荷傾向はほとんど同じになるからです。つまりそれらには同じ閾値を適用させられるとも言えます。それに、ロール毎に監視をしたい項目も異なります。例えば、アプリケーションサーバであればCPU利用率、データベースであればIOPSを重点的に監視したいでしょう。

Mackerelの場合、サーバをロールに所属させると、そのロールに対する監視や閾値の設定が自動的に適用されます。また、画面上でもロールに集約したリソースグラフを表示させることができるため、そのロール自体の全体傾向を把握することができます。例えば、図C-2はあるアプリケーションサーバのロールのCPU利用率の1週間の傾向を表示したものです。

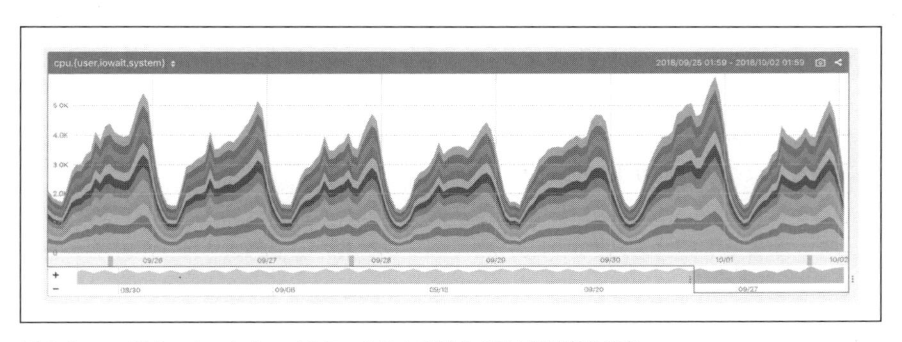

図 C-2　アプリケーションサーバのロールの 1 週間の CPU 利用率の傾向

1台1台のサーバに逐一設定を行うのではなく、ロール単位で監視設定をおこなえる所がMackerelのユニークなポイントです。適切なロール設計をおこなえば、監視設定が100%自動化されるのです。これにより、1章の「1.5　アンチパターン5：手動設定」で書かれている手動設定を簡単に回避できるようになります。

ロールそのものへの閾値設定はMackerelのユニークな機能ですが、この構成管理と監視をセットにするという考え方自体は普遍的なものですので、他のツールにも応用が可能でしょう。

## C.5.2　監視エージェントが収集するメトリクス

mackerel-agentはデフォルトで30ほどのOSの標準的なメトリクスを収集しま

す。それらにはCPUやメモリの利用率などが含まれています。

本書では、OSの標準的なメトリクスに監視を依存させすぎることに対して再三警鐘が鳴らされています。筆者もそのとおりだと思いますが、標準メトリクスの傾向を捉えておけばシステムの大まかな兆候をつかむことはできるでしょう。

もちろん、OSのメトリクスの異常値は、実際にはなにかの結果でしかありません。筆者は監視を「システムに対する高速健康診断」というたとえをすることがあります。例えば、健康診断で肝機能のγ-GPTの値が悪かったとしましょう。個人差はあるのであくまで仮定ですが、これはお酒の飲み過ぎが原因でしょう。この場合本来監視すべきなのは、酒量です。このたとえは、γ-GTPがOSのメトリクスに相当します。つまり、システムでも同様に直接の原因でありコントロール可能な数値を本来は監視すべきなのです。

ですので、標準メトリクス以外の収集も必要です。mackerel-agentはプラグインによって、収集するメトリクスの拡張が可能です。一般的なミドルウェアであれば、公式のプラグイン集を利用することによりメトリック収集が可能ですし、自分のアプリケーション独自のメトリクスであれば自分で簡単にプラグインを書くことが可能です。こちらは後ほど取り上げます。

ちなみに、mackerel-agentはNagios互換のチェック系の監視コマンドの実行が可能です。本書でも論じられているように、チェック系の監視の多くはメトリクス監視で実現可能になりましたし、メトリクス監視が可能ならそちらに寄せるべきです。ただ、まだチェック系の監視が必要な局面もあると筆者は考えています。

### C.5.3 シンセティック監視のすすめ

MackerelはURL外形監視という名のシンセティック監視機能も備えています。実はWebシステムの場合まずはこちらを設定することがおすすめです。シンセティック監視はWebサイトが正常に動作しているか外側から定期的に監視するものです。

2章の「2.2 パターン2：ユーザ視点での監視」で、できるだけユーザに近い所から監視を始めることが推奨されていますが、シンセティック監視はまさしくそれを実現するものです。Webシステムの場合、ユーザがみる画面やAPI、つまりシステムのいちばん外側さえちゃんとしていれば、内部に多少問題があってもビジネスには直ちに影響はありません。

監視のノウハウがあまりない場合でもひとまずシンセティック監視を設定しておけば、大きな問題にすぐ気づくことができます。

また、まずいちばん外側の監視を確実におこない、そこで異常に気づいたら、内側にブレークダウンして原因究明をするのは大事なプラクティスです。その観点で、システムの外側と内側を同時に監視できるMackerelは有用です。

シンセティック監視を自前でやるのは案外難しいものです。厳密にやるなら、自分たちのシステムとは別のところに監視システムを構築する必要があります。しかし、そこまでやるなら、SaaSを使う方が現実的ですし、多くの場合SaaSの方が高機能です。

MackerelのURL外形監視機能では、URLの指定だけではなく、GET以外のHTTPメソッドや任意のヘッダの指定が可能です。また、一般的なHTTPステータスチェックの他に、レイテンシの監視や、SSL証明書の監視、レスポンスボディの文字列監視も可能です。レイテンシのグラフをMackerelの画面上に表示することもできます。

MackerelのURL外形監視は十分な機能を備えていると言えますが、シンセティック監視専門のSaaSの場合、複数ロケーションからの監視やシナリオ監視などが可能なサービスもあります。これらに関しては専業の強みがあるため、必要な機能があれば別途利用を検討してもよいでしょう。

## C.6　監視SaaSを活用する

前の節で監視SaaSの導入が終わりました。この節ではさらなる活用について触れていきます。

### C.6.1　テスト駆動開発と監視

突然ですが、あなたが携わっているシステムの開発ではテスト駆動開発が実践されているでしょうか？　ほとんどの場合、何らかの形で導入されているのではないでしょうか。それほどテストコードを書くことは一般的なこととなりました。

奥一穂さんの言葉で「監視とは継続的なテストである」[†2]というものがあります。これは正鵠を射た言葉です。監視とソフトウェアテストは本来似た性質を備えています。その検査対象がソフトウェアなのか、実際に稼働しているシステムなのかの違い

†2　http://developer.cybozu.co.jp/archives/kazuho/2010/01/cronlog-52f2.html

だけです。さらに言うと devops の境界が取り払われつつあるトレンドの中で、ソフトウェアテストとシステム監視の境界も取り払われていくのかもしれません。

いずれにせよ、ソフトウェア開発とテストがセットで語られるように、システム運用と監視はセットで語られるべきです。テストがコード化、自動化されているのと同様に、監視もよりコード化され自動化される必要があります。

そして、開発者は運用されるシステムの監視に自覚的であるべきです。実はそっちのほうが心安らかに日々を過ごすことができます。それに、テストコードを書くことが慣れると楽しくなるように、監視も慣れて来ると作ることが楽しくなります。

システムを作る時は監視も一緒に考えることです。「ガソリン残量を計測できないような燃料タンク」を作らないようにしましょう。

## C.6.2 自分で監視を作る

監視に自覚的になるとはどういうことでしょうか。開発者はどのように監視を考えていけばよいのでしょうか。書籍『テスト駆動開発』(オーム社) には以下のくだりがあります。

> テスト駆動開発は、プログラミング中の不安をコントロールする手法だ。

これは実は監視も同じです。あなたが開発しているアプリケーションにどのような心配事がありますか？　どういったことが起こると困るでしょうか。そういった不安なところを監視すべきです。何を監視すべきか知っているのは、開発者自身なのです。

多くの監視ツールで監視のコード化と自動化が実現できます。ちょっとした設定やコードを書くことで、独自の監視を追加できるのです。そして開発者はコードを書くことが得意です。やらない手はありません。

抽象的な話をしすぎてしまったので具体的な話をしていくことにしましょう。

Mackerel でも mackerel-agent にプラグインを導入することで監視を追加できます。自分で独自のプラグインを作ることも可能です。プラグインを作ると言ってもちょっとしたコードを書くだけです。以降 mackerel-agent へのプラグイン導入について解説していきますが、細かい設定方法については取り上げませんので、必要に応じて、公式ヘルプ (`https://mackerel.io/ja/docs/`) を参照して下さい。

mackerel-agentのメトリクスプラグインは単なるコマンドです。標準出力にメトリクスのキーとバリューとタイムスタンプがタブで区切られた行を複数行出力することが期待されます。これはGraphiteへの入力やSensuのプラグイン出力でも使われている一般的なフォーマットです。メトリクスプラグインは単なるシェルスクリプトで作ることもできます。実際にその例を見ていきましょう。

ここではMySQLを利用した簡単なジョブワーカシステムについて考えてみます。このジョブワーカは以下の動作をします。

1. ジョブはjobsというテーブルに格納される。
2. アプリケーションからジョブ情報のレコードがインサートされる。
3. ワーカ群がjobsテーブルからジョブ情報を取得し非同期で処理を行う。
4. ジョブが完了したら、jobsテーブルからレコードが削除される。

例えば、ブログシステムにおいて、あるブログが更新されたらそのブログの購読者に非同期で通知を送るといったユースケースでこういったシステムを作ることがあるでしょう。

このシステムを運用する場合、どんな監視が必要でしょうか。何が起こってほしくないか、心配事を考えてみましょう。いちばんの心配事は、ワーカ群の処理能力を超えてジョブが溜まりすぎてしまうことでしょう。ではそれを監視できるようにしてみましょう。

ジョブの滞留数を調べるのは簡単です。jobsテーブルのレコード数が滞留数そのものとなります。正確には、実行中のジョブ数+実行待ちのジョブ数です。この数は以下の簡単なSQLで取得できます。

```
SELECT COUNT(*) FROM myapp.jobs;
```

これを使えば、mackerel-agentのメトリックプラグインをシェルスクリプトで以下のように書けます。

```
#!/bin/sh
cnt=$(echo 'SELECT COUNT(*) FROM myapp.jobs' | mysql -N -u$MYUSER -p$MYPASSWD)
echo "custom.myapp.jobs\t$cnt\t$(date +%s)"
```

試しにコマンドラインで実行してみましょう。

```
% MYUSER=app MYPASSWD=xxx ./mackerel-plugin-myappjobs.sh
custom.myapp.jobs	15	1538331475
```

メトリクスのキー名、値、タイムスタンプがタブ区切りで出力されました。custom.myapp.jobsというメトリクス名で、15件のジョブが未処理であることがわかります。

あとは、mackerel-agentの設定ファイルに以下の記述を加えれば、このプラグインをmackerel-agentに導入できます。

```
[plugin.metrics.myappjobs]
command = "/path/to/mackerel-plugin-myappjobs.sh"
env = { "MYUSER" = "app", "MYPASSWD" = "xxx" }
```

上記の設定を反映させれば、図C-3のようなグラフがMackerel上に表示されます。

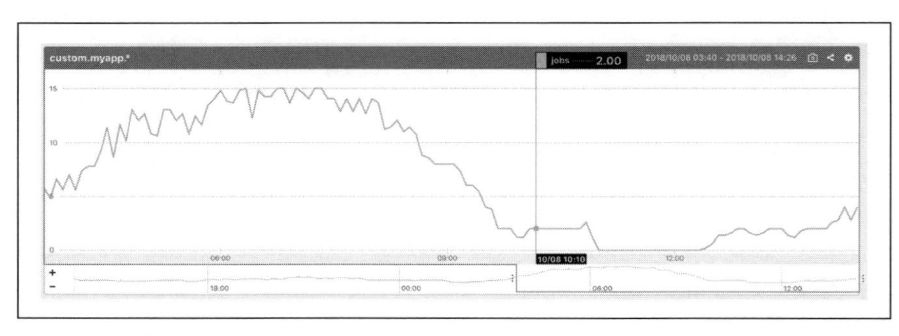


図C-3　ジョブ滞留数が可視化されたグラフ

これでジョブの滞留数が可視化できて監視が可能になりました。あとはこのグラフをダッシュボードに配置して定期的に眺めて傾向を把握したり、ジョブが増えすぎた時、例えば100件以上になった場合にアラートを飛ばす閾値設定をしたりするとよいでしょう。

また、アラート発生時の対応手順も考えておきましょう。このシステムの場合だと、ワーカ群を増強する、ジョブの受付を一時的に停止する、などの対応が考えられるでしょう。

このように、OSやシステムパフォーマンスに関する難しい知識がなくても、アプリケーションのビジネスロジックの知識さえあれば監視が作れることがわかりました。

逆にビジネスロジックを把握していないとこの監視は作れません。ここでは単純にテーブルの全件をカウントする例を出しました。ただ、もっと発展させて statusカラムの値や、投入時刻が古いジョブに絞り込んで監視をおこないたいとなると、少し複雑な SQL を書く必要があります。そうなると、もうアプリケーションの開発者自身しかこの部分の監視を作ることはできないでしょう。アプリケーションを開発・運用するときは、監視もセットで考えましょう。

### C.6.3 監視を育てる

監視は1回作って終わりではありません。アプリケーションコードと同様にメンテナンスしていくものです。観測方法や閾値の見直しを定期的におこない、アップデートしていきましょう。筆者はそれを「監視を育てる」と言っています。

監視に慣れて来ると、いろいろなものを監視したくなります。前の項を例に取ると、単に滞留ジョブ数だけではなく以下のような項目も取得したくなって来るでしょう。

- ジョブの平均実行時間
- ジョブ数をワーカ数で割った個数

観測手法も継続的に見直していきましょう。例えば、前項では単純な SQL 直打ちの例を取り上げましたが、より発展させたい場合には7章の「7.3 health エンドポイントパターン」で取り上げられている /healthエンドポイントパターンを積極的に活用しましょう。特定の API エンドポイントからメトリクスデータを返させるのです。

その場合のデータフォーマットは、本書で推奨されている JSON が手軽でお勧めです。ちなみに、“Health Check Response Format for HTTP APIs”(https://github.com/inadarei/rfc-healthcheck)というヘルスチェックのための JSON レスポンスの共通フォーマットが議論されています。インターネットドラフトも提出(https://tools.ietf.org/html/draft-inadarei-api-health-check-02)されています。これは注目すべき動きです。まだドラフト段階ではありますが、このフォーマットに沿ってヘルスチェックのレスポンス設計をしてみるとよいでしょう。

それ以外に、OpenMetrics（https://openmetrics.io/）フォーマットも検討してもよいかもしれません。これはPrometheus（https://prometheus.io/）のexporterの出力フォーマットを由来とし、標準的なメトリクスフォーマットとして仕様が提案されているものです。

ちなみに、/healthエンドポイントは「ステートレスに作る」ことがポイントです。観測元のクライアントの状態に関わらず、その時点の値を返すべきです。例えば、カウンター値などはそのまま返すべきで、前回観測時点からの差分値などを返そうとしてはいけません。それにより複数の観測元があったとしても一貫した値が返せるため、クライアントを増やすことが容易です。エンドポイントは生の値を返し、値の加工はそれを取得した観測者以降でやるべきです。

### C.6.4　自動復旧のためのアイデア

3章に「まずは自動復旧を試そう」と書かれています（「3.1.6　まずは自動復旧を試そう」を参照）。監視をしてアラートが発生したら自動復旧をして欲しいものです。Mackerelには自動復旧を実現するためのいくつかの手段があります。具体的には、mackerel-agentのアクション機能と、アラートのWebhook通知機能です。

アクション機能は、チェック系の監視の状態に応じて任意のコマンドをmackerel-agentに実行させる機能です。異常状態のときに復旧のためのコマンドを実行させることができます。

アラートのWebhook通知機能は、アラートが発生した際に任意のHTTPエンドポイントに通知を送る機能です。例えば、AWSのAmazon API GatewayとAWS Lambdaを組み合わせて、サーバレスな復旧の仕組みを実行することができます。

これ以上は、単なる機能説明になってしまうため、詳しくは述べませんが、どのような監視SaaSを使うにしても、自動復旧の実現にどのようなアイデアがあるか調べてみましょう。この辺りは、クラウドやSaaSを活用したほうが、選択肢は豊富です。

## C.7　監視SaaSのこれから

さて、これまで監視SaaSの導入から活用までひととおり説明し終えました。最後に監視SaaSのこれからについて簡単に触れていきます。

### C.7.1　監視パラダイムの変遷

本書では、Nagios 等で実施されていた旧来のチェック系の監視と比較して、メトリクス監視の重要性が説かれています。1回1回のチェックで終わらせるのではなく、継続的にメトリクスを取得して保存することで、監視としては閾値の柔軟な調整が可能になりますし、システムの長期的な分析も可能になります。

メトリクス監視が一般的になってきた背景としては、ハードウェアの性能が向上したことだけではなく、システムやアプリケーションの実行環境がクラウド化してきたことが無縁ではありません。重要性の高いシステムをより動的に運用する上でメトリクス監視が必須になってきたのです。

そして、今また新しい監視パラダイムへの変化のさなかにあります。それは、Observabilityの流れです。Observability は新たなバズワードではありますが、いっそう複雑化するシステムの状態を捉えるために必要な要素を網羅するための概念です。これまでの監視に加えて、本書でも触れられているログやイベント、そして分散トレーシングも含まれています。

Observability の概念が出てきた背景には、クラウドの進化がさらに進み、より変化の早い、しかし複雑なシステムの構築が可能になったことがあります。変化をさらに早くするために1つ1つのサービスやプロセスのライフサイクルは短くなってきています。それが、マイクロサービスやサーバレス、その要素技術としてのコンテナ化の流れです。これらは便利な反面、複雑さももたらしました。そのためにObservability の整備が必要になってきているのです。

「Observability の整備」と言うのは簡単ですが実際は大変です。仕組みの構築は大変ですし、データ量も膨大になります。何よりまだまだ過渡期であり、プラクティスも定まっていません。

そういった流れの中で、次のベストプラクティスを示すのも監視 SaaS の役割であると考えます。

例えば、本書では、分散トレーシングはまだ難易度が高く、構築にも労力がかかるため、多くのシステムで必ずしも取り入れる必要はない、というようなことが書かれています。しかし、現在のクラウド技術の変化のスピードを考えると、分散トレーシングが一般化する未来はそう遠くないと筆者は思います。

難易度の高さや構築・運用コストは、仮に監視 SaaS が解決してくれるのであれば何ら問題はありません。そういった新しいプラクティスの導入を簡単にして、普及を促進することも監視SaaSのミッションです。

分散トレーシングも含めたObservability領域をカバーし、ユーザが自然とそれらを使えるようにしていくことが、今後の監視SaaS全般の方向性だと考えています。

## C.7.2 機械学習と異常検知

監視SaaSは必然的に膨大なデータ量を扱うことになります。そのデータセットに対する機械学習の活用を考えない手はありません。例えば、異常検知の手法を用いてシステムの異常をアラートさせることが考えられるでしょう。これは監視SaaSならではの優位性と言えます。

一般的な単一のメトリクスに対する静的な閾値設定にはいくつかの課題があります。

- 複雑な条件に対する閾値設定がやりづらい。
- 設定者が想定している異常しか見つけられない。

前者は、例えば、複数のメトリクスの組み合わせや、変化の割合などに対する閾値設定がやりづらい、もしくはできないというものです。式などを書けば実現可能な場合もあるかもしれませんが、その設定も煩雑になりがちです。

後者は、監視設定者の想定の中でしっかり監視設定をしていたとしても、想定外の問題は起こってしまうということです。これは、テストコードのジレンマにも通じるものです。つまり、いくらテストコードを書いても実装者の考慮漏れによるバグが防げないように、監視設定者の考慮漏れによる障害は防げないのです。

これらの問題を機械学習で低減できるのであれば非常に助かります。そしてそれは不可能なことではありません。異常検知の手法をうまく工夫をすれば、人間には設定しづらい、もしくは気づきづらい、おかしな挙動を見つけることができます。

Mackerelでは現在、機械学習を活用した異常検知機能の開発に取り組んでいます。これは、おかしな挙動をしているサーバを自動検知するものです。

具体的には、Mackerelのロール内のサーバに対して、OSの標準的ないくつか（約20個）のメトリクスを一定期間取得し、それに対して多次元の教師なし学習をおこない判定モデルを作成します。判定モデルは定期的に再作成をおこないます。この判定モデルと監視対象サーバの現在のメトリクスを用いて、そのサーバが異常か否かを判定し、異常と判定された場合にアラートを飛ばします。

これは、Mackerelのロール内の複数のサーバが似たような挙動をすることを元々期待していることや、長期トレンドや周期性も吸収できるアルゴリズムを採用しているため、高い精度で異常を判定することが可能になっています。もちろん、こういった異常検知は誤検知との戦いであり、誤検知を100%避けられるものではありません。それゆえ精度向上にも継続的に取り組んでいく必要があると考えています。

この機能のおもしろい点は、本書で「あまり依存しすぎてはいけない」と何度も言われているOSの標準的なメトリクスを活用しているところです。なぜそれが有用なのでしょうか。この付録で、標準メトリクスの変化はあくまで何かの結果であって、原因の方をモニタリングすべきだという話を書きました。つまり裏を返すと、何らかの異常と標準メトリクスには相関があることが多いのです。

原因を究明してダイレクトに問題解決にあたりたい場合は、標準メトリクスを監視することはあまり有効ではありません。しかし、原因が特定できない「なにかおかしそう」な兆候を検知してアラートする分には、標準メトリクスを多次元的に学習して判定することが効果を発揮するのです。また、標準メトリクスが「標準的な」メトリクスとしてどこでも取得されている点も正規化の観点から学習のしやすさがあるのです。

少し話が脱線しました。この項の最初に書いたように、機械学習の活用は監視SaaSならではの優位性があり、ユーザは自前での監視ツール運用では実現しづらい機能を利用できます。また、監視SaaS提供者としては「監視を簡単にして、監視できる人を増やす」ことは大事なポイントですので、そういった観点からも機械学習に取り組んでいくことは意味があると考えています。

## C.8　まとめ

監視SaaSの実践的な利用方法やこれからについてまとめました。改めてになりますが、監視を民主化すること、そのために、監視を簡単にして監視できる人を増やすこと、未来の監視パラダイムにも追随して使えるようにすること、監視SaaSはそれらを実現するものだと考えます。Mackerelもそこを意識して継続開発と運用をおこなっています。

この付録を読み終えた皆さんの中でまだ監視SaaSを使っていない方は、ぜひ利用を検討して下さい。まずは、自社ツールと併用でも構いませんし、適材適所に組み合わせて活用してみることをおすすめします。

**松木 雅幸（まつき まさゆき）**

大学で中国語と機械翻訳をかじり、卒業後は中国でのIT起業、語学学校でのシステム担当兼営業、印刷系SIerでの金融系Webシステムや物流システムの開発、ソーシャルゲーム開発のリードエンジニア、などの紆余曲折を経て現職。現在は株式会社はてなで、クラウド・サーバー監視SaaS、Mackerel（https://mackerel.io）のプロダクトマネージャー、及びチーフエンジニアを兼任している。
ISUCONに過去3度優勝するなど、インフラを意識してWebアプリケーションコードを書くことが得意。60個以上のPerlモジュールをCPANに上げているが、最近はGoがお気に入りで多数のオレオレGoツールをGitHub上に公開している。
著書に『みんなのGo言語［現場で使える実践テクニック］』、『Mackerelサーバ監視［実践］入門』（共に共著、技術評論社）。

- https://twitter.com/songmu
- http://www.songmu.jp/riji/
- https://github.com/Songmu

# 訳者あとがき

私がインフラエンジニアとしてこれまで興味を持ってきた分野に、バックアップと監視があります。どちらの仕組みも、存在しなくてもシステムは一応動きます。しかし、何か問題が起きた時に「ちゃんとバックアップを取っておけば（ちゃんとリストアテストしておけば）データが戻せたのに……！」「ちゃんと監視しておけば原因がすぐに分かったのに……！」と後悔するお決まりのものでもあります。そのうちの1つ、監視について、事前に読んでしっかり対策を取っておけば後悔しない、そんな本を翻訳して世に出せるのは、とても幸せなことです。みなさんがこの本を読んで、「なるほど。これも監視しておくとよいのか」という気づきがあれば大変うれしいですし、（トラブルはあって欲しくないですが）何か起きた時に「あの本に書いてあったことをやっておいたからうまく対処できた！」ということがあればなおうれしいことです。

私の得意分野の本ではあったものの、翻訳したものに対する他の人からの視点は、いつでも気づきがあり、勉強になります。レビューに協力してくださった、Quipper Ltd.の近藤健司さん（Twitter @chaspy_）、株式会社はてなの今井隼人さん（Twitter @hayajo）、高橋嘉さんには、自然な訳語の選択から技術的な正確性、さらには読みやすさの観点からのアドバイスもいただき、最終的な文章は確実によいものになりました。また西園渓太さんには、4章の統計に関する記述を専門知識を活かしてチェックしていただきました。さらに、SaaS型サーバー監視サービスであるMackerelのプロダクトマネージャーである株式会社はてなの松木雅幸さん（Twitter @songmu）さんには、SaaS監視サービスを実際に使ってみる際の始め方や注意点という、原書では触れられていない部分を補完する素晴らしい付録を日本語版独自のコンテンツとして執筆していただくと共に、本文のチェックもいただくことでより正確を期した内容にすることができました。また編集を担当していただいたオライリー・ジャパンの高恵子さんにも、ていねいなサポートをいただきました。この場を借りて、協力いただいたみなさんにも感謝を捧げたいと思います。

2019年1月
松浦隼人

# 索　引

## か行



## さ行

## た行



## な行

## は行



## ま行



## や行



## ら行

● 著者紹介

**Mike Julian**（マイク・ジュリアン）

アプリケーションやインフラについて、企業がよりよい監視の仕組みを作るのを手伝うコンサルタント。監視についてのあらゆることを扱うオンライン情報誌「Monitoring Weekly」の編集者でもある。Taos Consulting、Peak Hosting、Oak Ridge National Lab などで、オペレーションエンジニアあるいは DevOps エンジニアとして働いた経験を持つ。テネシー州ノックスビル出身で、カリフォルニア州サンフランシスコ在住。仕事以外では、古い BMW で山道をドライブしたり、本を読んだり、旅行したりしている。

- https://www.mikejulian.com/
- Aster Labs（https://www.asterlabs.io/）
- Monitoring Weekly（https://weekly.monitoring.love/）

● 訳者紹介

**松浦 隼人**（まつうら はやと）

日本語と外国語（英語）の情報量の違いを少しでも小さくしたいという思いから、色々なかたちで翻訳に携わっている。人力翻訳コミュニティ Yakst（https://yakst.com/ja）管理人兼翻訳者。本業はインフラエンジニアで、Web 企業にて各種サービスのデータベースを中心に構築・運用を行った後、現職では Ruby on Rails 製パッケージソフトウェアのテクニカルサポートを行っている。訳書『SQL パフォーマンス詳解』（https://sql-performance-explained.jp/）、『入門 Kubernetes』（オライリー）。Twitter アカウントは @dblmkt。GitHub アカウントは @doublemarket。

● カバーの説明

ベンガルモニター（Varanus bengalensis）は、南アジアおよび西アジア全域に生息する昼行性のオオトカゲ。主に標高が低い地域に住み、森林や沼地、農地など様々な湿度と植生の地域で暮らしている。175センチメートルくらい（尾がそのうちの100センチメートルほど）まで成長する。成長したオオトカゲを狩るのは人間だけで、肉や脂肪を求め、また打楽器カンジーラの皮の部分を作るために捕獲する。

ベンガルモニターは、鳥類、魚類、また果物や野菜などありとあらゆるものを食べる。モニタートカゲは他の爬虫類よりも代謝が良く、目が覚めたあとは、ずっと食事をしたり体を動かしている。泳ぐのがうまく、走るのも早い。鳥の巣から卵を取り、睡眠中のコウモリを食べ、草木をなぎ倒しながら素早く走り抜ける。

# 入門 監視
## ——モダンなモニタリングのためのデザインパターン


2019年1月16日　初版第1刷発行
2025年2月10日　初版第7刷発行
著　　者　Mike Julian（マイク・ジュリアン）
訳　　者　松浦 隼人（まつうら はやと）
発 行 人　ティム・オライリー
印刷・製本　日経印刷株式会社
発 行 所　株式会社オライリー・ジャパン
〒160-0002　東京都新宿区四谷坂町12番22号
Tel　(03)3356-5227
Fax　(03)3356-5263
電子メール　japan@oreilly.co.jp
発 売 元　株式会社オーム社
〒101-8460　東京都千代田区神田錦町3-1
Tel　(03)3233-0641（代表）
Fax　(03)3233-3440

Printed in Japan（ISBN978-4-87311-864-2）
乱丁、落丁の際はお取り替えいたします。